香草栽培事典

78種

最能舒緩身心的芳香花草

宮野弘司／宮野ちひろ ◎著
張定霖 ◎審訂
劉京梁、吳佩俞 ◎譯

晨星出版

最能舒緩身心的78種芳香花草

香草栽培事典

目次 Contents

本書的構成

本書的使用方法

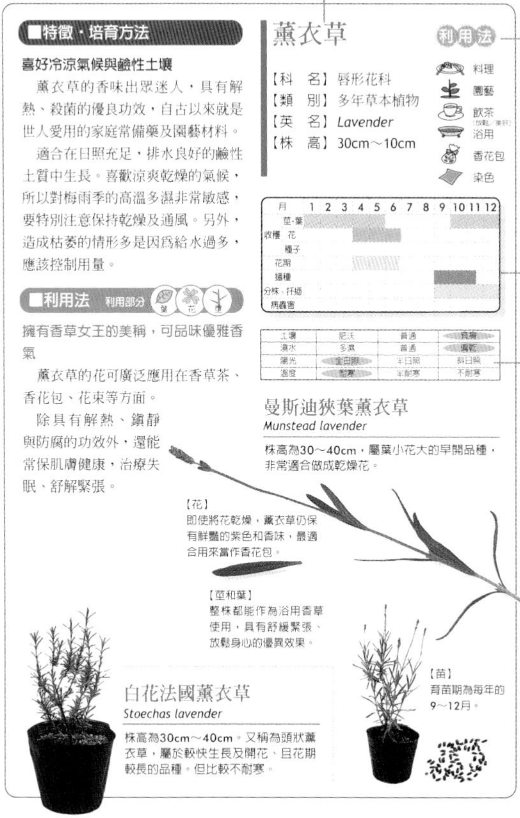
■特徵・培育方法

喜好冷涼氣候與鹼性土壤

薰衣草的香味出眾迷人，具有解熱、殺菌的優良功效，自古以來就是世人愛用的家庭常備藥及園藝材料。

適合在日照充足，排水良好的鹼性土質中生長。喜歡涼爽乾燥的氣候，所以對梅雨季的高溫多濕非常敏感，要特別注意保持乾燥及通風。另外，造成枯萎的情形多是因為給水過多，應該控制用量。

■利用法 利用部分 葉 花 莖

擁有香草女王的美稱，可品味優雅香氣

薰衣草的花可廣泛應用在香草茶、香花包、花束等方面。

除具有解熱、鎮靜與防腐的功效外，還能常保肌膚健康，治療失眠、舒解緊張。

薰衣草

利用法

【科　名】唇形花科
【類　別】多年草本植物
【英　名】*Lavender*
【株　高】30cm～10cm

料理 園藝 飲茶（放鬆／美容） 浴用 香花包 染色

月	1	2	3	4	5	6	7	8	9	10	11	12
收穫 莖・葉												
收穫 花												
收穫 種子												
花期												
播種												
分株、扦插												
病蟲害												

土壤	肥沃	普通	貧瘠
澆水	多濕	普通	偏乾
陽光	全日照	半日照	斜日照
溫度	耐寒	半耐寒	不耐寒

曼斯迪狹葉薰衣草
Munstead lavender

株高為30～40cm，屬葉小花大的早開品種，非常適合做成乾燥花。

【花】
即使將花乾燥，薰衣草仍保有鮮豔的紫色和香味，最適合用來當作香花包。

【莖和葉】
整株都能作為浴用香草使用，具有舒緩緊張、放鬆身心的優異效果。

白花法國薰衣草
Stoechas lavender

株高為30cm～40cm。又稱為頭狀薰衣草，屬於較快生長及開花、且花期較長的品種。但比較不耐寒。

【苗】
育苗期為每年的9～12月。

本書大致可區分為目錄、栽培方法、利用方法、基礎知識等幾部分。而目錄則分為前篇、後篇和其他，同時還會介紹香草的個別特徵、培育方法、利用法等內容。

讀者可選定目錄中喜歡的香草種類後，參照書中的栽培方法種植。內文會以詳細的彩色圖文來說明基本的栽植方法。

香草名稱、種類

介紹香草名稱及其所屬種類、科別、英名等基本資料。

利用方法

說明本頁香草可於何時使用，並以圖示明確標出利用方法。利用方法適合與否會視香草種類不同而有所變化，所以務必仔細確認後再使用。

- **料理**：可當作沙拉食材、香料，或加入料理烹煮的香草。
- **園藝**：能用來觀賞，包括可栽植於庭院或花盆的各類香草。
- **飲茶**：可將花、果實、葉和莖當作花草茶的香草。
- **入浴**：將乾燥或新鮮的香草置於浴盆之中，會有消除疲勞及美容的效果。
- **香花包**：將之風乾，就能享受香草的迷人氣味與豐富色彩，可用於芳香療法或當作芳香花草枕。
- **染色**：可用來作為染料素材的香草。

※ 文中標示有茶飲、香花包、入浴等使用方法的香草，其效果會分為下面幾種：

放鬆：適合想消除疲勞身心時所飲用的香草。

活力：想提振精神、增加元氣時飲用的香草。

美容：能提高身體機能、達到美容效果的香草。

※ 香草雖有特定的藥用效果，但並不推薦於一般家庭使用，所以文中並不特別介紹。

生育環境

標明各類香草的適宜栽培環境，塗有顏色的欄目即為該種香草的適合條件。例如：在「土壤」一欄中，若「肥沃」處塗上顏色，則表示此種香草需要有營養豐富的肥沃土壤，所以必須定期施肥培育。

栽培曆

表示各類香草的栽培方法及作業時期的年曆。會在適合的作業日期標上顏色。例如，「收穫」的項目若於5月處塗上顏色，則表示5月是花的收穫適期。

培育・使用・觀賞

香草圖鑑目錄

前篇

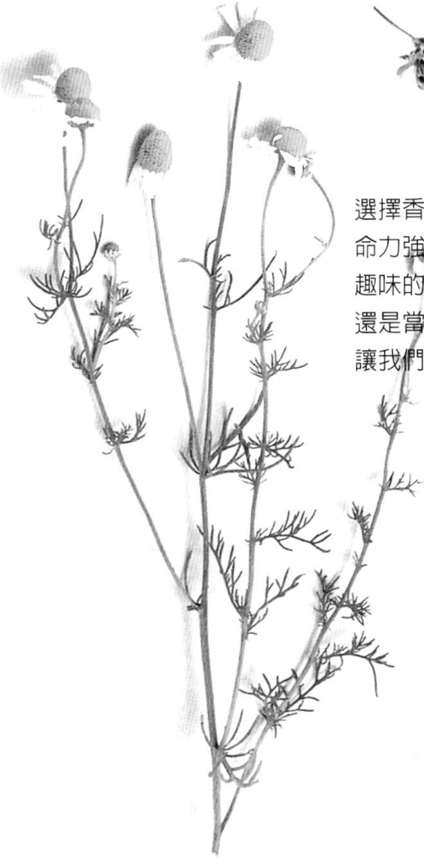

選擇香草時，與其選用容易栽培或生命力強韌的，還不如選擇可增加生活趣味的種類。看是要用來做沙拉呢？還是當作每天早晨的美味茶飲呢？就讓我們向您介紹吧！

■特徵・培育方法

喜營養豐富的土壤

朝鮮薊是分布於地中海區域的大型香草，適合生長在陽光充足的地方，並需要排水良好、富含營養的土壤。由於根部會向土中延伸開展，所以要耙鬆定植處的土壤。因生長期間極需充足陽光，所以與其他香草混合栽種時，距離至少要有一公尺以上。是庭園栽植的重要種類。

■利用法　利用部分　葉　花

可將花蕾水煮後食用

在歐美被當作蔬菜，一般都是將花蕾煮熟後拌入沙拉食用。此外，據說葉子還具有促進消化的功能。

土壤	肥沃	普通	貧瘠
澆水	多濕	普通	偏乾
陽光	全日照	半日照	斜日照
溫度	耐寒	半耐寒	不耐寒

朝鮮薊

利用法

料理
園藝

【科　名】菊科
【類　別】多年草本植物
【英　名】*Artichoke*
【株　高】100cm～200cm

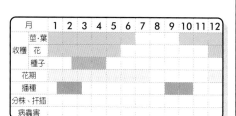

月		1	2	3	4	5	6	7	8	9	10	11	12
收穫	莖・葉												
	花												
	種子												
花期													
播種													
分株、扦插													
病蟲害													

【苗】
育苗期為每年的1～3月、9～10月。

【花蕾】
加入食鹽和檸檬一同水煮後，可當作沙拉或炒菜的食材。

【花】
可用來插花或是製作乾燥花。

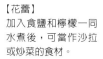

茴藿香

利用法

料理
園藝
飲茶（放鬆）
香花包

【科　名】唇形科
【類　別】多年草本植物
【英　名】*Anise hyssop*
【株　高】90cm

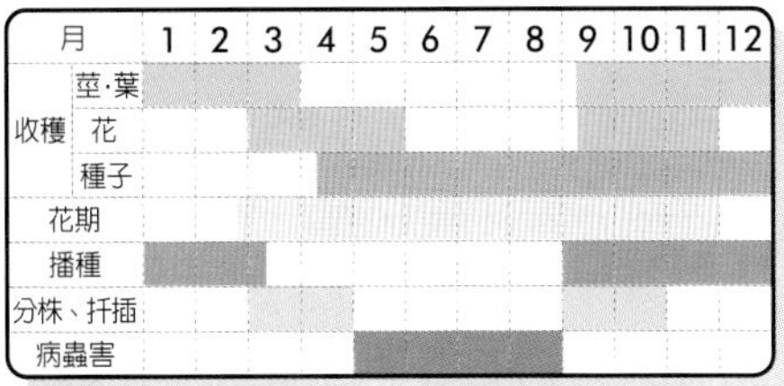

土壤	肥沃	**普通**	貧瘠
澆水	多濕	**普通**	偏乾
陽光	**全日照**	半日照	斜日照
溫度	**耐寒**	半耐寒	不耐寒

■特徵・培育方法

最適合種在夏天的花壇

極為耐寒的植物，只要種在陽光充足、排水良好的土壤中，茴藿香就能健康生長。夏季會開穗狀且香氣怡人的花朵，常引來許多蜜蜂採蜜，所以也被稱為蜜源植物。

除以種子播種外，選用香氣濃厚的健壯枝條扦插栽植，也很容易就能存活繁盛。

■利用法

利用部分　葉　花

享受令人心曠神怡的舒爽香味

茴藿香的花可用來佈置色彩繽紛的花壇及製作芳香花包，葉子具有止咳及恢復疲勞的功效，能當作香草茶沖泡飲用。

【花】
花朵有紫色和白色，也能做成乾燥花使用。

【葉】
可和花一起沖泡；還可為沙拉添加風味。

【苗】
育苗期為每年的1～3月、9～12月。

■特徵・培育方法

適宜乾燥條件下生長

阿拉伯茉莉俗稱茉莉花。向來因其出眾的香氣，而讓人印象深刻。

喜歡生長在日照良好的地方，較適合排水性佳、富含有機質的土壤。但這種香草並不耐寒，一旦氣溫降到10℃以下，就必須移至室內，且最好改爲盆栽種植。

■利用法　利用部分　花

聞名於世的茉莉花茶

花朵的香氣不但能舒緩緊張，還具有殺菌的作用，自古以來就被廣泛運用在飲茶、香花包、沐浴、香水等許多用途。

阿拉伯茉莉

利用法

【科　名】木樨科
【類　別】蔓性常綠灌木
【英　名】*Arabian jasmine*
【株　高】200cm

料理
園藝
飲茶
浴用
香花包

月		1	2	3	4	5	6	7	8	9	10	11	12
收穫	莖·葉												
	花				■	■	■	■	■	■	■		
	種子												
花期					■	■	■	■	■	■	■		
播種													
分株、扦插				■(下半月)	■	■	■	■	■				
病蟲害													

土壤	**肥沃**	普通	貧瘠
澆水	多濕	**普通**	偏乾
陽光	**全日照**	半日照	斜日照
溫度	耐寒	半耐寒	**不耐寒**

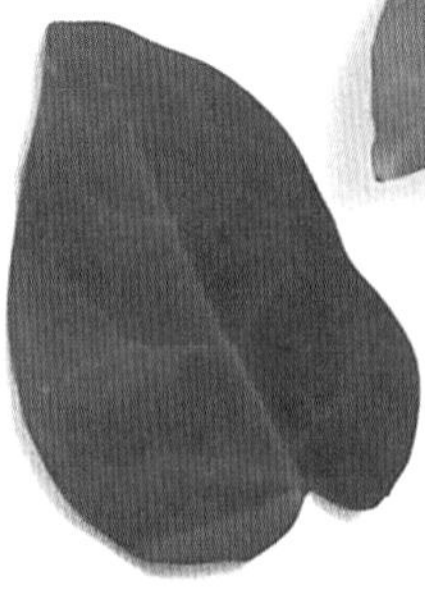

【花】
可調製成香氣撲鼻的香草茶，或栽種成美麗的花壇。

MEMO

●其他的茉莉花●

相近的種類中有羽衣茉莉，屬蔓性植物。白色的花朵香味濃郁，初夏至初秋會大量盛開。培育方法與阿拉伯茉莉一樣，因比較耐寒，在寒冷地區也能於室外過冬。

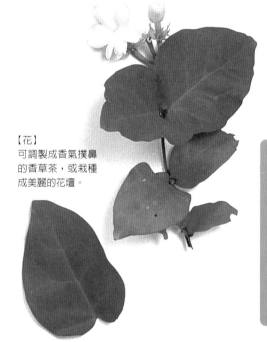

■特徵・培育方法

注意勿太過乾燥

義大利歐芹的葉片平滑、邊緣呈鋸齒狀。與其他葉子捲縮的芹菜品種相比，特徵在於義大利歐芹較無刺鼻的芹菜味。

適合在陽光充沛、排水良好、富含有機質的營養土壤中生長。但不耐乾燥，在高溫難耐的夏季，會因土壤太乾而導致葉子變黃，要特別注意保持充足的水分。當植株長出10枚以上的葉子後，就能進行採收了。

■利用法　利用部分　葉　花　莖

各式料理的活躍角色

葉子可加入湯品及沙拉等料理中。因能夠乾燥或冷凍後保存，所以可先大量採收儲存，方便日後使用。

義大利歐芹

利用法：料理　園藝　飲茶　浴用

【科　名】繖形科
【類　別】多年草本植物
【英　名】*Italian parsley*
【株　高】20cm～100cm

月		1	2	3	4	5	6	7	8	9	10	11	12
收穫	莖·葉	●	●									●	●
	花		●	●	●								
	種子			●	●								
花期			●	●	●								
播種										●	●		
分株、扦插													
病蟲害													

土壤	**肥沃**	普通	貧瘠
澆水	多濕	**普通**	偏乾
陽光	**全日照**	**半日照**	斜日照
溫度	**耐寒**	半耐寒	不耐寒

【苗】
發苗期為每年的9～10月。

【葉】
花期前就要收穫嫩葉。

■特徵・培育方法

培育時需有充分日照

原產於地中海沿岸，由果實榨出的橄欖油夙富盛名。

生育適溫爲15～20℃。較爲耐寒，寒冷地區也能種在室外。

必須栽植於日照充足的地方，且需有排水良好、能保持乾燥的土壤。幼苗不耐潮溼，梅雨季時要特別加強水分的控制。

注意勿使用同品種的花粉授粉。若想確實結果，就必須在附近種植不同品種的苗株。

■利用法

利用部分：葉、果實

除義大利料理必用的橄欖油外，果實也能鹽漬或做成香草醋等料理。同時更是頗受歡迎的觀葉植物。

橄欖

利用法：料理、園藝、飲茶、香花包

【科　名】橄欖科
【類　別】常綠喬木
【英　名】*Olive*
【株　高】7m～10m

月		1	2	3	4	5	6	7	8	9	10	11	12
收穫	莖・葉												
	花												
	種子		■	■	■	■							
花期													
播種													
分株、扦插													
病蟲害													

土壤	**肥沃**	普通	貧瘠
澆水	多濕	普通	**偏乾**
陽光	**全日照**	半日照	斜日照
溫度	**耐寒**	**半耐寒**	不耐寒

【果實】
果實可鹽漬或作成香草醋。

【花】
夏季會開黃色小花，可做成香花包或乾燥花。

【苗】
育苗期為每年的3～4月。

奧勒岡

利用法

料理
園藝
飲茶（放鬆）
浴用
香花包

【科　名】唇形科
【類　別】多年草本植物
【英　名】*Oregano*
【株　高】50cm～80cm

月		1	2	3	4	5	6	7	8	9	10	11	12
收穫	莖·葉	■	■	■	■								■
	花												
	種子												
花期			▨	▨									
播種			■	■						■	■		
分株、扦插					■	■	■						
病蟲害													

■特徵・培育方法

避免過濕

奧勒岡又稱爲牛至，這種香草的耐寒及耐乾旱性均強，適合在陽光充沛、排水良好的乾燥鹼性土壤中生長。枝葉太茂密時，會使植株間通風不良、過於悶熱，特別是梅雨季節及盛夏，要修剪枝幹及下方葉子，才能保持良好的通風及植株間的乾燥。

當花朵凋謝後，要於近根處剪去初冬即會枯萎的莖葉，使其順利度過寒冬。若栽種於盆栽時，由於根部生長速度較快，應注意每年春天都需更換花盆。

■利用法

利用部分　葉　花

最適宜用作調味

葉子與花是義大利及墨西哥料理中不可或缺的調味聖品。此外，這種香草茶也具有舒緩緊張的功效。

土壤	**肥沃**	普通	貧瘠
澆水	多濕	**普通**	偏乾
陽光	**全日照**	半日照	斜日照
溫度	**耐寒**	半耐寒	不耐寒

【花】
除可插花或製作香花包外，還能用來裝飾菜餚。

【苗】
育苗期為每年的2～3月、9～10月。

【莖和葉】
開花後即可採收葉子，香氣會特別濃厚，乾燥後的葉子會更加方便利用。

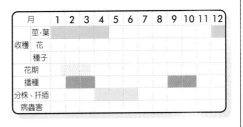

■特徵・培育方法

賞玩的花期較長

大葉假荊芥又稱爲卡拉薄荷，適合生長在陽光充沛的地方。栽種處排水須良好，但土質並無特殊要求。這種香草很耐寒，枝幹會茂盛地發育伸展，生命力強韌。要注意避免過濕，尤其梅雨季節時根部容易腐爛，應經常剪枝整理，使其通風良好。

■利用法　利用部分　葉　花

令人愛憐的小花及柔和的香味

可應用在插花、裝飾花壇及製作香花包等方面。當作香草茶時，風味類似薄荷。但孕婦要特別避免飲用。

【花】
其花和葉很小，整枝剪除後，可束在一起乾燥後使用。

大葉假荊芥

利用法：園藝、飲茶（放鬆）、香花包

【科　名】唇形科
【類　別】多年草本植物
【英　名】*Common calamint*
【株　高】30cm～50cm

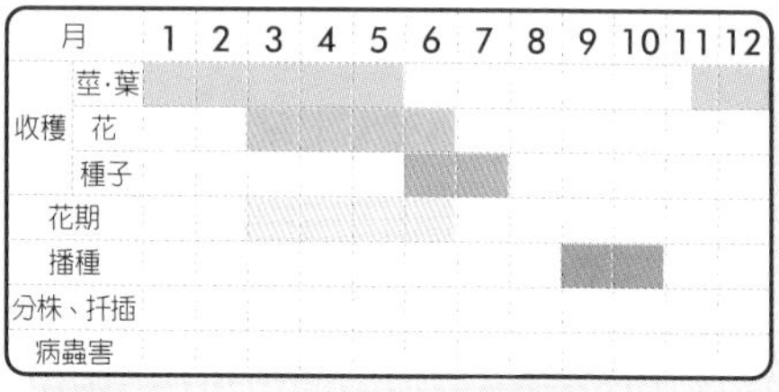

土壤	肥沃	普通	貧瘠
澆水	多濕	普通	偏乾
陽光	全日照	半日照	斜日照
溫度	耐寒	半耐寒	不耐寒

【葉】
做為香草茶飲用，可發汗、祛痰、強身。

【苗】
育苗期為每年的9～10月。

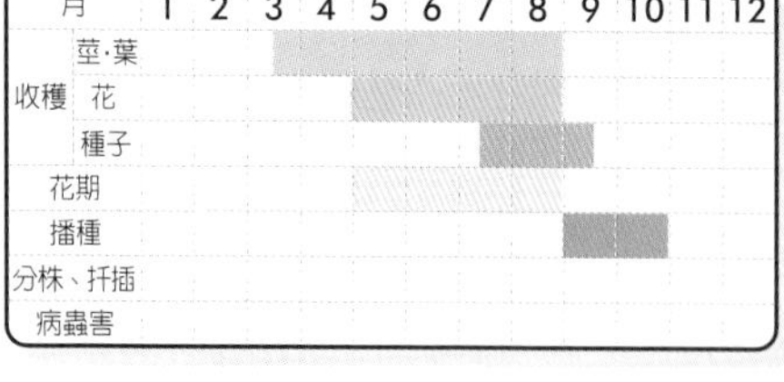

土壤	肥沃	普通	貧瘠
澆水	多濕	普通	偏乾
陽光	全日照	半日照	斜日照
溫度	耐寒	半耐寒	不耐寒

荊芥

利用法：料理、園藝、飲茶（活力）、香花包

【科　名】唇形科
【類　別】多年草本植物
【英　名】*Catnip*
【株　高】60cm～100cm

【苗】
育苗期為每年的9～10月。

義大利蠟菊

利用法：料理、園藝、香花包（防蟲）

【科　名】菊科
【類　別】常綠灌木
【英　名】*Curry plant*
【株　高】30cm～40cm

■特徵・培育方法

偏好肥沃的土質

葉和莖覆有銀灰色絨毛，是具有咖哩香味的香草。

葉色美麗，和其他植物組合種植時，更能發揮視覺效果。

在日陰處雖然仍可栽植，但無充分日照就不會開花。並不太耐寒，冬季須移至溫暖的場所。

月		1	2	3	4	5	6	7	8	9	10	11	12
收穫	莖·葉	■	■	■								■	■
	花		■	■	■	■							
	種子				■	■	■						
花期			■	■	■	■							
播種									■	■	■		
分株、扦插													
病蟲害													

土壤	**肥沃**	普通	貧瘠
澆水	多濕	**普通**	偏乾
陽光	**全日照**	半日照	斜日照
溫度	耐寒	**半耐寒**	不耐寒

■利用法　利用部分：葉、花

可合植混種和製作工藝品

除了可美化花壇外，葉子和花還可以製作乾燥花和香花包，或當作料理的調味料。

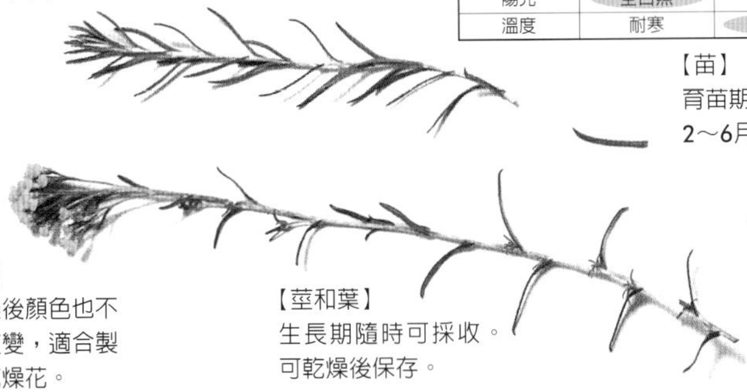

【花】
乾燥後顏色也不易改變，適合製成乾燥花。

【莖和葉】
生長期隨時可採收。
可乾燥後保存。

【苗】
育苗期為每年的2～6月、9～10月。

【花】
可採摘新鮮的花和葉，沖一杯可口的香草茶。

【葉】
長出花蕾後即可採收，乾燥後做成香花包。

■特徵・培育方法

生命力強容易種植

非常耐寒，只要播下自然掉落的種子就能健康生長。但若將此香草與蔬菜合植栽種，要注意防治甲蟲類的蟲害。

■利用法　利用部分：葉、花

具有貓喜愛的香味

花與葉可製成香草茶，對感冒和失眠極有療效。自古就是著名的貓咪玩具。

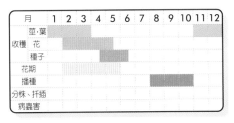

■特徵・培育方法

培育時需良好日照

和荊芥一樣，都是會散發貓咪喜愛味道的香草植物，但其吸引貓咪的味道更加濃郁。

雖然名字中有薄荷這個名詞，但與薄荷是完全不同的種類。種植環境需陽光充足且土壤排水良好。

春夏間會開白色及淡紫色的小花。組合栽種會十分美麗。

■利用法

利用部分　葉　花

貓咪最喜歡的香草

和荊芥一樣，葉子可做成香花包，還能做成貓咪玩具，而用花與葉子沖泡的香草茶，對於舒緩感冒及失眠也頗有療效。

貓薄荷

利用法

【科　名】唇形科
【類　別】多年草本植物
【英　名】*Catmint*
【株　高】30cm

園藝
飲茶（放鬆）
香花包

月		1	2	3	4	5	6	7	8	9	10	11	12
收穫	莖·葉	■	■	■	■							■	■
	花				■	■	■	■	■				
	種子				◐	■	◐						
花期				■	■	■							
播種				■	■					■	■	■	
分株、扦插						■	■	■	■				
病蟲害													

土壤	肥沃	**普通**	貧瘠
澆水	多濕	**普通**	偏乾
陽光	**全日照**	半日照	斜日照
溫度	**耐寒**	半耐寒	不耐寒

【葉】
芳香的葉子呈灰綠色，主要種為地被植物。

【花】
可和葉一起製作香草茶。

【苗】
育苗期為每年的3～4月、9～11月。

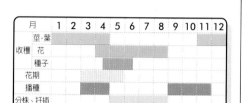

■特徵・培育方法

日曬不強也能良好生長

從中石器時代的遺跡中，發現人類很早前就開始使用這種香草。

種植於向陽處或陽光不直射的明亮處，都能生長良好。另外，土壤必須排水性佳、富含有機質。

因為根部容易受傷，所以盡量不要移植，可直接播種於花壇或花盆中，苗株發芽後，整理成每棵間約20公分的距離。

■利用法　利用部分　葉　花　根　種

最適合用做調味料

嫩葉及花可細切後用於湯品及沙拉；製作點心、香草醋及醬料時，葛縷子的種子更是增添料理風味的必備香辛料。

葛縷子

【科　名】繖形科
【類　別】二年草本植物
【英　名】*Caraway*
【株　高】30cm～80cm

利用法

料理（香料）
園藝
飲茶
浴用
香花包

月		1	2	3	4	5	6	7	8	9	10	11	12
收穫	莖·葉	■	■	■								■	■
	花				■	■							
	種子					■	■						
花期													
播種										■	■		
分株、扦插													
病蟲害													

土壤	**肥沃**	普通	貧瘠
澆水	多濕	**普通**	偏乾
陽光	**全日照**	**半日照**	斜日照
溫度	**耐寒**	半耐寒	不耐寒

【種子】
含在口中咀嚼，有預防口臭的效果。

【花】
可做為插花素材或乾燥花。

【葉】
可用來製作花束裝飾。

【苗】
育苗期為每年的9～10月。

豆瓣菜

利用法

【科　名】十字花科
【類　別】水生多年草本植物
【英　名】*Watercress*
【株　高】20cm～60cm

料理
園藝
飲茶（活力）

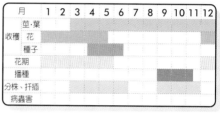

月		1	2	3	4	5	6	7	8	9	10	11	12
收穫	莖·葉												
	花												
	種子												
花期													
播種													
分株、扦插													
病蟲害													

土壤	**肥沃**	普通	貧瘠
澆水	**多濕**	普通	偏乾
陽光	**全日照**	半日照	斜日照
溫度	**耐寒**	半耐寒	不耐寒

■特徵・培育方法

用扦插法繁殖培育

這種香草原本群生於歐洲地區的水邊，葉子稍辣，具有獨特的辛香味道。理想的栽培環境爲夏天冷涼、冬天暖和；且須有溫度約15～20℃的水流經過之處。

雖然苗株必須定植於排水良好的砂質土壤中，但至生根前都能保持不缺水的話，豆瓣菜就能順利生長。若在種植期間遇寒或缺水，葉子的辣味會增強，苦味也會更明顯。

■利用法　利用部分　葉　莖　花

廣泛應用於各式料理中

常被添加在沙拉、三明治、肉類等料理當中。

【莖和葉】
富含維生素C及鐵質，可加入牛排中或做成沙拉。

【苗】
育苗期為每年的3～6月、9～11日。

矢車菊

利用法

【科　名】菊科
【類　別】一年草本植物
【英　名】*Cornflower*
【株　高】20cm～90cm

料理
園藝
飲茶（美容）
浴用
香花包

月		1	2	3	4	5	6	7	8	9	10	11	12
收穫	莖·葉												
	花												
	種子												
花期													
播種													
分株、扦插													
病蟲害													

土壤	**肥沃**	普通	貧瘠
澆水	多濕	**普通**	偏乾
陽光	**全日照**	半日照	斜日照
溫度	**耐寒**	半耐寒	不耐寒

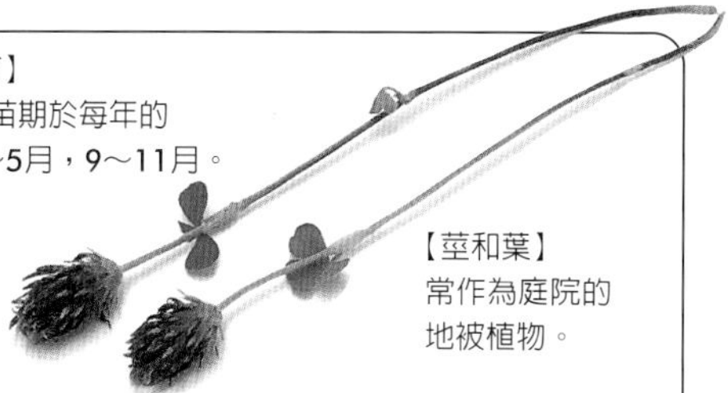

【苗】
育苗期於每年的
2～5月，9～11月。
【莖和葉】
常作為庭院的
地被植物。

三葉草

【科　名】豆科
【類　別】一年草本植物
【英　名】*Crimson clover*
【株　高】50cm

利用法
料理
園藝
飲茶
香花包

月		1	2	3	4	5	6	7	8	9	10	11	12
收穫	莖·葉	■	■	■	■	■					■	■	■
	花				■	■	■	■	■	■	■	■	
	種子				■	■	■	■	■	■	■	■	
花期					■	■	■	■	■	■	■	■	
播種			■	■	■	■				■	■		
分株、扦插													
病蟲害													

■特徵・培育方法

生長強健，容易栽培

喜歡陽光充沛的生長環境，適合有機質豐富的營養土壤，但不耐暑熱，這點要特別注意。

因爲栽植容易，就算任其自由生長，也能向外伸展被覆地面。

■利用法　利用部分　葉　花

當作庭園地被植物

常被當作是庭院中的地被植物。

土壤	**肥沃**	普通	貧瘠
澆水	多濕	**普通**	偏乾
陽光	**全日照**	半日照	斜日照
溫度	**耐寒**	半耐寒	不耐寒

【葉】
可和花一起製成香草茶。有益於保養頭髮和肌膚，故多用來製作洗髮、潤髮用品。
【花】
除作成香花包和乾燥花外，還可食用。

■特徵・培育方法

容易培育，不需費心照料

強壯好栽培的植物，需種植在日照良好的地方。適合的土壤爲排水良好、富含有機質及營養。

只要直接用種子播種，之後就能繼續用自然掉落的種子大量繁殖。仔細摘除凋謝的枯花，還能長久欣賞枝頭上的美麗花朵。

■利用法　利用部分　葉　花

擁有最適合製作乾燥花的質感，花色鮮豔；此外還能做成香花包使用。

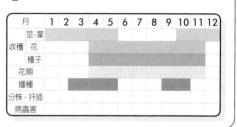

■特徵・培育方法

偏好肥沃的土壤

芫荽又稱爲胡芫荽，是中國、泰國、越南等地的料理中不可或缺的香草植物。雖然討厭芫荽味道的人會完全無法接受，但喜歡芫荽的人卻會上癮。

應盡量避免移植，可直接種在花壇或容器中，除盛夏及嚴冬外，幾乎隨時都能播種。栽培的場所，應選擇陽光充足的地方。較適合排水良好、富含有機質的營養土壤。

■利用法　利用部分　葉　種　根

民族特色料理不可缺少的調味品

葉和種子的香氣各具風味，嫩葉是泰國和越南等異國料理舉足輕重的調味聖品。根部也可食用。

芫荽

利用法

【科　名】繖形科
【類　別】一年草本植物
【英　名】*Coriander*
【株　高】50cm～100cm

料理（香料）
園藝
飲茶
香花包

月		1	2	3	4	5	6	7	8	9	10	11	12
收穫	莖·葉	■	■	■	■						■	■	■
	花			■	■	■	■						
	種子				■	■	■						
花期				■	■	■							
播種										■	■	■	
分株、扦插													
病蟲害													

土壤	**肥沃**	普通	貧瘠
澆水	多濕	**普通**	偏乾
陽光	**全日照**	半日照	斜日照
溫度	**耐寒**	半耐寒	不耐寒

【種子】
具有清爽的甜香味，常被用來為料理增加風味。

【葉】
趁嫩葉之際採收，可用於各式料理，也能於乾燥後保存。

【苗】
育苗期為每年的9～11月。

■特徵·培育方法

最適合做為地被植物

聚合草又稱爲康富力，繁殖力強韌且生長強健，在日曬充足或陽光不直射的明亮陰蔽處，都能生長良好。適合於偏濕的土壤栽培種植。土壤應富含營養與有機質。

若任植株自由生長，會使枝葉過於茂盛，應適度進行分株整理。

■利用法　利用部分　葉　莖　根

最適合用作堆肥材料

用聚合草的葉子做堆肥，可製成優質的有機肥料。若將之堆放於植物的近根土表處，還會有類似覆蓋地膜的效果。

聚合草

利用法

【科　名】紫草科
【類　別】多年草本植物
【英　名】*Comfrey*
【株　高】100cm

料理
園藝
飲茶
浴用
香花包

月		1	2	3	4	5	6	7	8	9	10	11	12
收穫	莖·葉	■	■	■	■	■	■					■	■
	花					■	■	■					
	種子						■	■	■				
花期						■	■	■					
播種										■	■	■	
分株、扦插													
病蟲害													

土壤	肥沃	**普通**	貧瘠
澆水	**多濕**	普通	偏乾
陽光	全日照	**半日照**	**斜日照**
溫度	**耐寒**	半耐寒	不耐寒

【根】
根部含具毒性的生物鹼成分，所以居家使用時，要特別小心。

【苗】
育苗期為每年的9～11月。

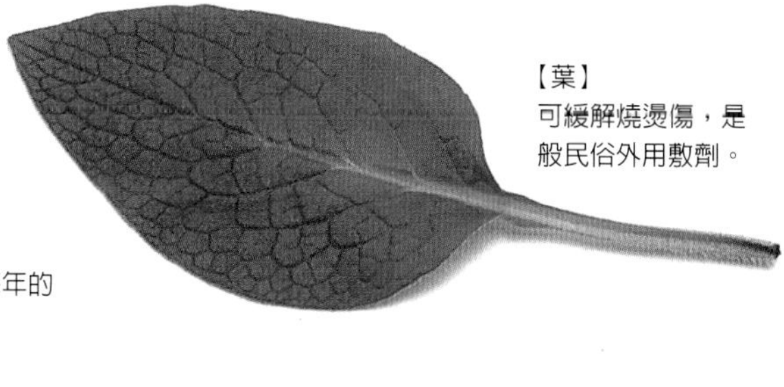

【葉】
可緩解燒燙傷，是般民俗外用敷劑。

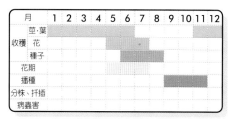

■特徵・培育方法

生命力強，容易栽培

只要種在日曬充足、乾燥且排水良好的地方，不需特別注重土質，一樣可以茁壯成長。土壤表面一變乾，就必須補足水分。

因爲小地榆很耐寒，所以只要在秋末初冬之際先行修剪地上部分，其短莖就能過冬，並於隔年春天再次發芽生長。

■利用法

利用部分　葉　花

最佳的沙拉食材

葉子有類似小黃瓜的香味，除了將嫩葉用在沙拉及湯品外；還能用來沖泡香草茶或增添葡萄酒的風味。

小地榆

利用法

【科　名】薔薇科
【類　別】多年草本植物
【英　名】*Salad burnet*
【株　高】30cm～50cm

料理
園藝
飲茶（活力）
浴用
香花包

月		1	2	3	4	5	6	7	8	9	10	11	12
收穫	莖·葉	■	■	■	■	■	■	■				■	■
	花					■	■	■	■				
	種子							■	■	■	■		
花期						■	■	■	■				
播種		■	■	■						■	■	■	■
分株、扦插		■	■	■	■	■				■	■	■	■
病蟲害													

土壤	肥沃	**普通**	貧瘠
澆水	多濕	普通	**偏乾**
陽光	**全日照**	半日照	斜日照
溫度	**耐寒**	半耐寒	不耐寒

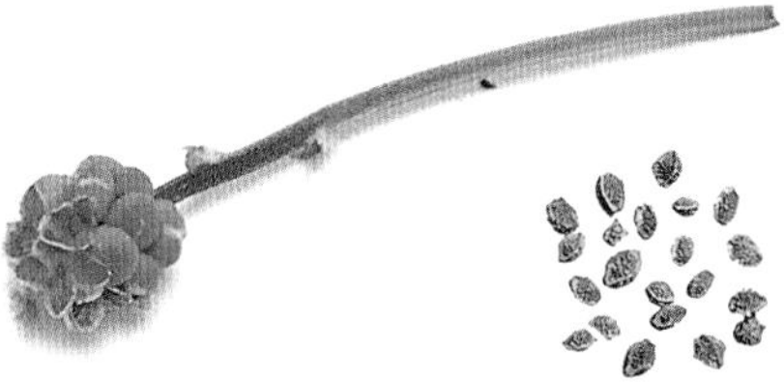

【花】
初夏時，會綻開紅色花朵，為花園增添姿色。

【莖和葉】
可用來裝飾料理，還能作成香草醋。

【苗】
育苗期為每年的9～翌年2、3月。

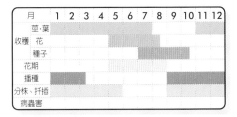

番紅花

利用法

料理
園藝
飲茶（美容）
香花包
染色

【科　名】鳶尾科
【類　別】多年草本植物
【英　名】*Saffron*
【株　高】20cm

月		1	2	3	4	5	6	7	8	9	10	11	12
收穫	莖·葉												
	花	■	■	■									
	種子						■	■	■				
花期		■	■	■	■								
播種		■	■								■	■	■
分株、扦插							■	■	■				
病蟲害													

土壤	肥沃	**普通**	貧瘠
澆水	多濕	**普通**	偏乾
陽光	**全日照**	半日照	斜日照
溫度	**耐寒**	半耐寒	不耐寒

■特徵・培育方法

輕輕鬆鬆就能栽培成功

自古以來，番紅花的雌蕊就被當作香料和藥材使用。

將它種在陽光充足且排水良好的地方，不需特別選擇土質就能栽植成功，甚至使用水耕栽培也可以。定植時，可讓苗株以一個球根的距離分別栽植，注意要保持排水良好。

隔年夏季葉子變黃時，挖出球根並一個個分開，保存在冰箱下層冷藏，等到秋天時就可以再次栽植了。

■利用法　利用部分　花

鮮豔的黃色著色香料

在法國和西班牙料理中，常用來爲食材著色。沖泡成香草茶也對於預防女性疾病也很有功效。

【花】
花很美麗，但花期僅數日。

【雌蕊】
雌蕊開花當天，可將其摘下乾燥保存。

【球根】
球根發芽的日期為每年的10～翌年2月。

MEMO

●Saffron與Crocus●

這兩種香草因極為相似而常被混淆，其實Saffron是秋季開花的Crocus其中一種。區分Saffron和Crocus的重點在於雌蕊。Saffron的花蕊中會有三根紅色雌蕊，是非常明顯的區別。

要區分Saffron和Crocus也可以看葉子。Saffron的葉子是類似松樹的針狀葉，花在其後；而Crocus，在葉子伸展前，就會先顯現出花蕾的顏色。圖片即為秋天開花的Crocus。

山椒

利用法

【科　名】芸香科
【類　別】落葉灌木
【英　名】*Japanese pepper*
【株　高】2m～3m

料理（香料）
園藝

■特徵・培育方法

日本常用的辛香料

日本料理中不可或缺的辛香料，栽種區域極爲廣泛。

陽光充沛及日光不直射的明亮處都可茁壯成長，適宜排水佳的肥沃土質。夏季的乾燥高溫不利於植株生長，所以要特別注意水分的補給。

■利用法

利用部分　葉　種

為料理增添風味

可用嫩芽爲料理提味，而山椒的枝幹更可製成高級的研磨棒。

月		1	2	3	4	5	6	7	8	9	10	11	12
收穫	莖·葉	■	■	■	■	■					■	■	■
	花				■	■	■						
	種子												
花期													
播種		■	■	■							■	■	■
分株、扦插										■	■	■	■
病蟲害													

土壤	肥沃 ■	普通	貧瘠
澆水	多濕 ■	普通 ■	偏乾
陽光	全日照 ■	半日照 ■	斜日照
溫度	耐寒 ■	半耐寒	不耐寒

【莖和葉】
嫩芽可用來裝飾料理。

【苗】
育苗期為每年的10～翌年2、3月。

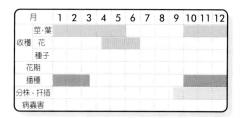

■特徵・培育方法

管理栽培要注意乾燥

這種常綠灌木香草的葉子極美，可修剪整理成各種形狀，是庭園和花壇中常見的香草。

應種在陽光充沛或日曬良好、排水情況佳的鹼性土壤中。綿杉菊較不適合高溫潮濕的天氣，在梅雨季與盛夏的高溫期時，應適時進行修剪，使其通風良好。特別是栽培時的管理，要特別注意保持乾燥。

■利用法　利用部分　葉　花

使用於衣物會有防蟲功效

濃厚香氣有防蟲效果，裝入小袋內作成香花包，可放在櫥櫃或抽屜中驅蟲。

綿杉菊

利用法

園藝
香花包（防蟲）
染色

【科　名】菊科
【類　別】常綠小灌木
【英　名】*Santolina*
【株　高】50cm～60cm

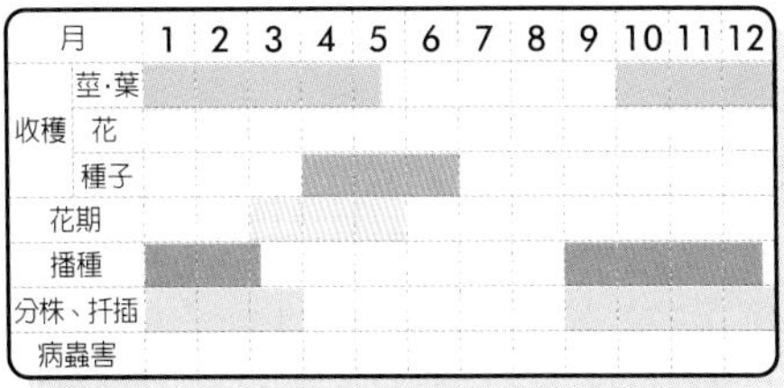

土壤	肥沃	普通	貧瘠
澆水	多濕	普通	偏乾
陽光	全日照	半日照	斜日照
溫度	耐寒	半耐寒	不耐寒

【苗】
育苗期為每年的9～翌年3月。

【莖和葉】
汁液據說有消炎功效。

【花】
花可作成乾燥花和香花包，兼具防蟲的效果。

■特徵・培育方法

喜好營養豐富的土質

向日葵喜好在陽光充足且溫暖的地方生長。栽植土壤需排水良好、富含有機肥。

它是一種生命力強韌的香草，但一定要有充分的日照。由於向日葵的高度會長到2公尺以上，所以要注意植株的定植距離，讓葉蔭不至於影響其他植株的採光。另外，還要視情況爲植株架設立柱。

■利用法 利用部分 花 種

種子可食用

從向日葵種子榨出的葵花油廣受人們喜愛。其實，炒過的向日葵種子還可以加在沙拉或麵包中。另外，將其花蕾水煮後也能食用。

向日葵

利用法：料理、園藝、香花包

【科　名】菊科
【類　別】一、二年草本植物
【英　名】*Sunflower*
【株　高】200cm

月		1	2	3	4	5	6	7	8	9	10	11	12
收穫	莖・葉												
	花	●	●	●	●	●	●				●	●	●
	種子	●	●	●	●	●	●				●	●	●
花期													
播種		●	●	●	●					●	●	●	●
分株、扦插													
病蟲害													

土壤	肥沃	**普通**	貧瘠
澆水	**多濕**	普通	偏乾
陽光	**全日照**	半日照	斜日照
溫度	**耐寒**	半耐寒	不耐寒

【種子】
經火炒去殼後，可加入沙拉或麵包中。

【苗】
育苗期為每年的春、秋季為佳。

【花】
花蕾水煮後即可食用。

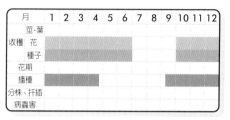

■特徵・培育方法

注意需保持乾燥

是開胃料理中的代表性香草，在日本被廣泛運用。種類有大葉的青紫蘇和用於漬梅、著色的紅紫蘇。

於日照充足至日光不直射的明亮處都能生長。較適合排水良好、營養豐富的土壤。對悶熱極敏感，所以栽培管理時要特別注意通風。

適當剪去芽尖後，側芽就能發育良好，收穫時可一併摘取。

■利用法　利用部分　葉　花　果實

廣泛應用於各式料理當中

葉子不僅可以用做生魚片的配菜，包括芽、花穗、果實也都能製成開胃料理。有促進食慾及整腸、消除胃脹等功效。

紫蘇

利用法

【科　名】唇形科
【類　別】一、二年草本植物
【英　名】*Perilla*
【株　高】50cm～80cm

料理（香料）
園藝
飲茶

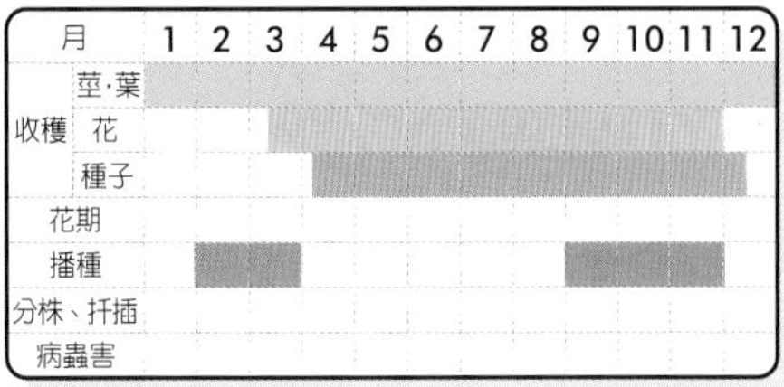

土壤	肥沃	普通	貧瘠
澆水	多濕	普通	偏乾
陽光	全日照	半日照	斜日照
溫度	耐寒	半耐寒	不耐寒

【花】
能去魚毒，一直都是生魚片不可或缺的配菜。

【花穗】
有類似羅勒的小花，花蕾可作開胃料理。

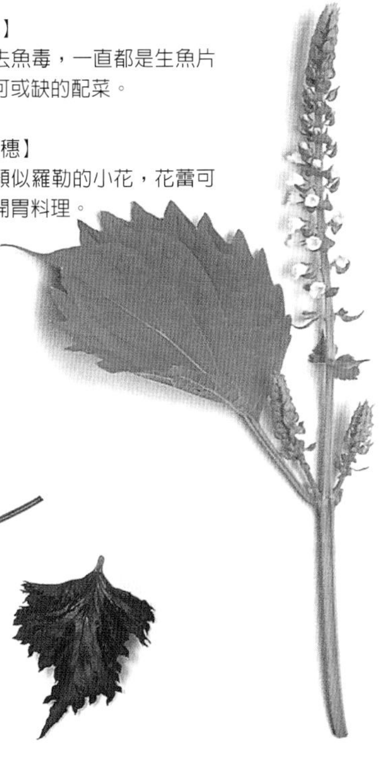

【苗】
育苗期為每年的2～3、9～11月。

德國甘菊

■特徵・培育方法

要注意防治蚜蟲

德國甘菊又稱為母菊，是一種具有蘋果香味的香草。若是種在陽光充足、排水良好的地方，不需特別選擇土壤，植株即可茁壯成長。生命力強韌，開花數目頗多，土中氮肥若太多時，葉子會生得過於繁密，導致花朵數目減少。

這種香草在春、秋都可播種栽植，春天播種則於初夏開花；秋天播種則在春天開花。因為不適合炎熱的夏天，所以秋天開的花朵會比較多。

■利用法　利用部分　葉　花

以金黃色的茶而聞名

陰乾後的花可用來沖泡香草茶，還可以和葉子一起做成入浴劑，對於放鬆身心很有效果，最適宜於消除疲勞時使用。

【科　名】菊科
【類　別】一、二年草本植物
【英　名】*German chamomile*
【株　高】50cm～80cm

利用法：料理／園藝／飲茶（放鬆／活力）／浴用／香花包／染色

月		1	2	3	4	5	6	7	8	9	10	11	12
收穫	莖·葉	■	■	■	■						■	■	■
	花			■	■								
	種子				■	■							
花期													
播種										■	■	■	■
分株、扦插													
病蟲害													

土壤	**肥沃**	普通	貧瘠
澆水	多濕	**普通**	偏乾
陽光	全日照	**半日照**	斜日照
溫度	**耐寒**	半耐寒	不耐寒

【葉】
可做為染料使用。

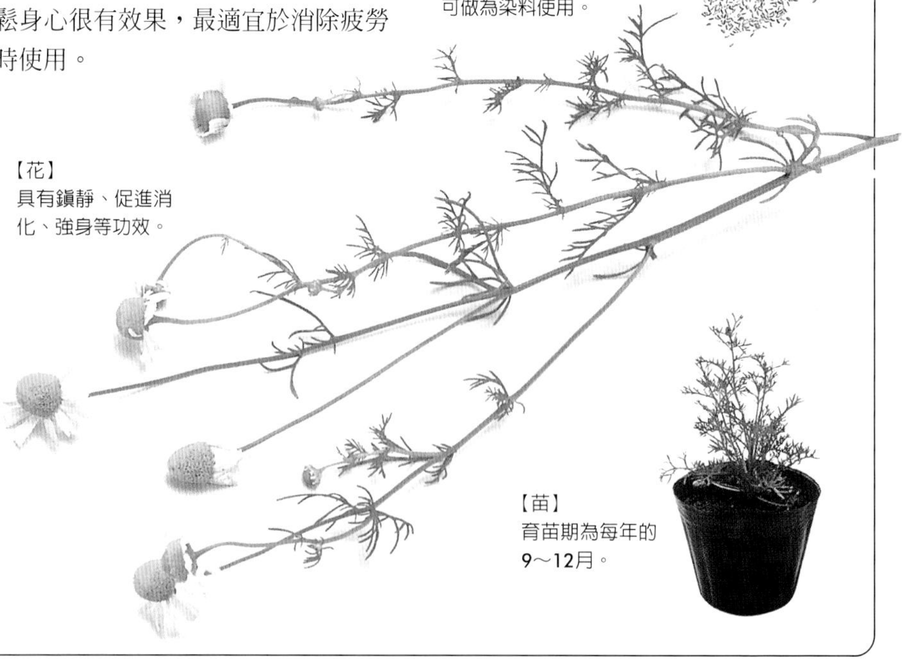

【花】
具有鎮靜、促進消化、強身等功效。

【苗】
育苗期為每年的9～12月。

香菫菜

【科　名】菫菜科
【類　別】多年草本植物
【英　名】*Sweet violet*
【株　高】20cm

利用法

料理
園藝
飲茶（放鬆）
香花包

月		1	2	3	4	5	6	7	8	9	10	11	12
收穫	莖·葉	■	■	■	■	■	■				■	■	■
	花	■	■	■	■							■	■
	種子	■	■	■	■	■	■						
花期													
播種										■	■	■	■
分株、扦插													
病蟲害													

■特徵・培育方法

喜好營養豐富的土壤

喜好在稍陰但日照仍然充足的地方生長。土壤必須排水性良好、富含濕氣與營養有機肥。

此香草會沿著地面生長，蔓延的莖部會有濃厚的香味，所以常被當成是地被植物。但在強烈的陽光照射下，苗株會很快枯萎，因此較適合栽植於樹蔭下方。

■利用法

利用部分　葉　花

用來裝飾點心的食用香草

香菫菜沖泡的香草茶具有能夠緩解便秘、頭痛、失眠的療效。花朵還能用來裝飾沙拉，或用砂糖醃漬做成點心，造型相當可愛。

土壤	**肥沃**	普通	貧瘠
澆水	**多濕**	**普通**	偏乾
陽光	全日照	**半日照**	**斜日照**
溫度	**耐寒**	半耐寒	不耐寒

【苗】
育苗期為每年的9～12月。

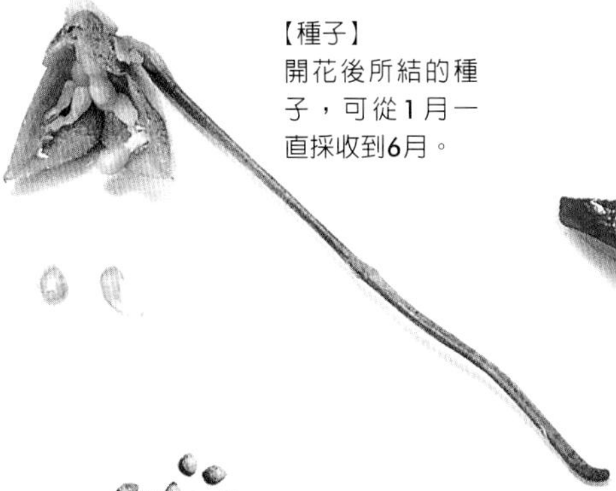

【種子】
開花後所結的種子，可從1月一直採收到6月。

【莖和葉】
任何時間都可採收葉子。

■特徵・培育方法

注意保持乾燥

湯芹又稱爲旱芹，原產於歐洲南部，比野生芹菜生長得還快，特徵在於具柔和的香氣。可直接播種於濕潤土壤中；也需置於良好日照或陽光充足但不直射的稍陰處管理。

只要氣溫在15~20℃之間，隨時都能發芽。當本葉已開展10枚以上時，就可從外側開始採收利用了。

■利用法　利用部分 葉 莖

廣泛應用於料理上

在製作沙拉、湯品、炒菜時，可做爲香料蔬菜。此外，據說還有降血壓、血糖的功能。

土壤	**肥沃**	普通	貧瘠
澆水	**多濕**	普通	偏乾
陽光	全日照	**半日照**	**斜日照**
溫度	**耐寒**	半耐寒	不耐寒

湯芹

利用法：料理、園藝、飲茶（放鬆）、浴用

【科　名】繖形科
【類　別】二年草本植物
【英　名】*Soup celery*
【株　高】50cm

月		1	2	3	4	5	6	7	8	9	10	11	12
收穫	莖·葉	■	■										■
	花			■	■								
	種子				■	■							
花期													
播種											■	■	■
分株、扦插													
病蟲害													

【苗】
育苗期為每年的10～12月。

【花】
播種後，會於來年春天開花。

【莖和葉】
香草茶具有抗菌、鎮靜的功用。

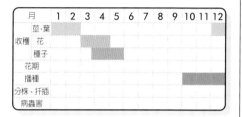

■特徵・培育方法

能抵抗病蟲害且栽植容易

廣泛分布於歐洲南部，種類繁多，近年來園藝用的品種也逐漸增加。因此若想用鼠尾草沖泡香草茶，務必要先確認品種。

栽培非常簡單，只要定植在陽光充沛、排水良好的營養土壤中，就能快速生長。雖然鼠尾草對酸性土壤很敏感，但其耐寒又耐乾燥，所以不需特別擔心病蟲害。是一種容易種植又方便整理的香草。

■利用法　利用部分　葉　花

最適合用來消除肉腥味

葉子常被用來當作香腸等加工食品的香辛料。花朵可製成香花包。亦可沖泡香草茶，但不可大量食用。

鼠尾草

利用法

【科　名】唇形科
【類　別】常綠小灌木
【英　名】*Sage*
【株　高】30cm～80cm

料理
園藝
飲茶（美容）
浴用
香花包

月		1	2	3	4	5	6	7	8	9	10	11	12
收穫	莖·葉	■	■	■	■						■	■	■
	花			■	■	■	■						
	種子					■	■						
花期													
播種										■	■	■	■
分株、扦插		■	■	■	■					■	■	■	■
病蟲害						■	■	■					

土壤	肥沃	普通	貧瘠
澆水	多濕	普通	偏乾
陽光	全日照	半日照	斜日照
溫度	耐寒	半耐寒	不耐寒

【苗】
育苗期為每年的9月～翌年4月。

【葉】
可切碎後加入香腸或漢堡中。

【莖和葉】
除可製成香草茶外，其萃取液還能作為潤絲精。

【花】
可用來裝飾料理，或撒浮於湯品上。

花穗類似薰衣草，非常美麗。

粉萼鼠尾草 *Lavender sage*

又稱為薰衣鼠尾草，株高100cm～150cm，耐寒也耐熱，是一種生命力強韌的鼠尾草。其大型花穗非常美麗。

【苗】
育苗期為每年的9～翌年3月。

鳳梨鼠尾草 *Pineapple sage*

株高60cm～100cm。具有淡淡的鳳梨香味，原產於墨西哥，較不耐寒。

【苗】
育苗期為每年的9～翌年3月。

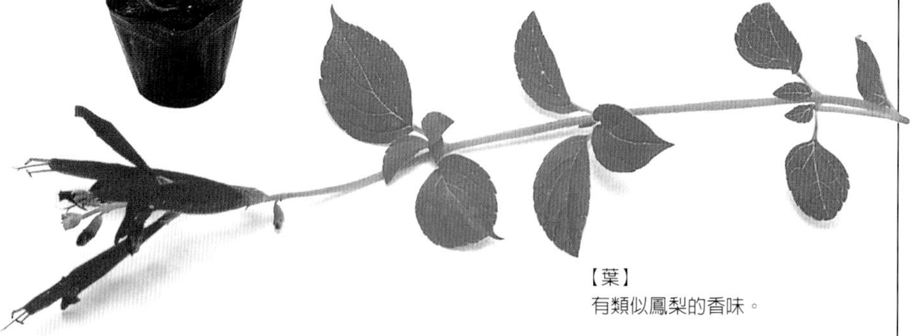

【葉】
有類似鳳梨的香味。

快樂鼠尾草 *Clary sage*

株高60cm～100cm，又稱為南歐丹參，葉子及花穗都很大，栽植在花壇中特別引人注目。

【苗】
育苗期為每年的9～翌年3月。

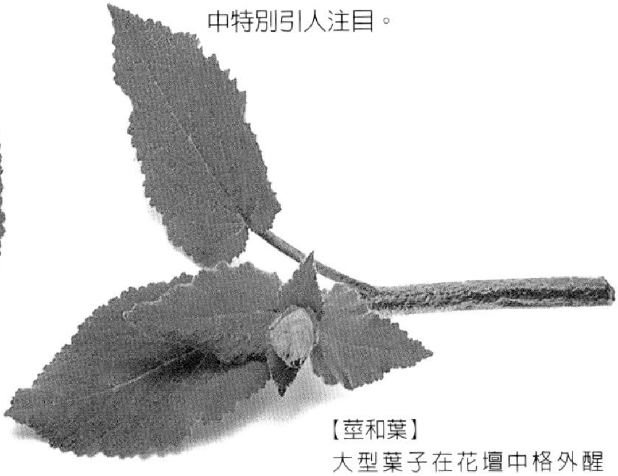

【莖和葉】
大型葉子在花壇中格外醒目，較適合栽種於花園中。

褪色鼠尾草 *Discolor sage*

株高60cm～100cm。又稱安地斯鼠尾草。香味清淡，葉子背面呈白色，還有綠白色萼片及黑色花朵，是頗受歡迎的觀賞用香草。

【苗】
育苗期為每年的9～翌年3月。

墨西哥灌木鼠尾草
Mexican bush sage

株高60cm～150cm。開有天鵝絨狀的紫花和深綠色葉片，是相當受歡迎的園藝用香草品種。

■特徵・培育方法

須於充足陽光下栽植

香葉天竺葵又稱爲香葉草。天竺葵屬的葉子多具有香味，在眾多品種中，做爲香料和香辛料使用的爲「香葉天竺葵」，與觀賞花朵的園藝用品種天竺葵有所區別。

栽培並不難，雖對高溫潮濕氣候較敏感，但只要種在有良好日照、排水佳且肥沃的土壤中，就能健康成長。要避免過濕的環境。

■利用法 利用部分 葉 花

品味甜美的香氣

葉子可提煉精油，或當做化妝品中的香料。另外葉和花可做成香花包。

香葉天竺葵

【科　名】牻牛兒苗科
【類　別】半灌木
【英　名】*Scented geranium*
【株　高】20cm～120cm

利用法
料理
園藝
浴用
香花包
染色

月		1	2	3	4	5	6	7	8	9	10	11	12
收穫	莖・葉												
	花												
	種子												
花期													
播種													
分株、扦插													
病蟲害													

土壤	肥沃	普通	貧瘠
澆水	多濕	普通	偏乾
陽光	全日照	半日照	斜日照
溫度	耐寒	半耐寒	不耐寒

【花】
可用來裝飾點心和飲料。

玫瑰天竺葵 *Rose geranium*

株高30cm～100cm。具有薔薇花香，是香葉天竺葵中頗具代表性的品種。

【苗】
育苗期每年的3～4月、9～12月。

【花】
春天會開小白花，可用來裝飾甜點。植株會蔓延生長，多種植為吊籃式盆栽。

【葉】
具有淡淡蘋果香味，可消除魚腥味。

蘋果天竺葵 *Apple geranium*

株高20cm～40cm，有類似蘋果的香氣。屬小型葉品種。

【苗】
育苗期為每年的3～4月、9～12月。

松木天竺葵 *Pine geranium*

株高30cm～100cm。葉子為羽狀，有淡淡清香。四季都能開花。

【葉】
葉脈有醒目的褐色，還有淡雅的香氣。

【花】
四季均盛開美麗的粉紅色花朵。幾乎一整年都可欣賞，也可用來裝飾料理。

【葉】
特徵在於類似歐芹的皺褶狀葉子，具有檸檬香味。

【苗】
育苗期為每年的3～4月、9～12月。

【花】
春天會開粉紅色花朵，花瓣中有2片較大，另3片則呈細長狀。

檸檬天竺葵 *Lemon geranium*

株高30cm～100cm。葉子呈皺褶狀，會散發檸檬香味。此類香味天竺葵目前已培育出眾多品種。

百里香

【科　名】唇形科
【類　別】常綠小灌木
【英　名】*Thyme*
【株　高】20cm～40cm

利用法

料理
園藝
飲茶（活力）
浴用
香花包

月		1	2	3	4	5	6	7	8	9	10	11	12
收穫	莖·葉	■	■	■	■	■						■	■
	花			■	■	■							
	種子				■	■							
花期													
播種										■	■	■	
分株、扦插		■	■	■	■					■	■	■	■
病蟲害													

土壤	肥沃	**普通**	貧瘠
澆水	多濕	普通	**偏乾**
陽光	**全日照**	半日照	斜日照
溫度	**耐寒**	半耐寒	不耐寒

■特徵・培育方法

留意避免高溫潮濕

百里香的葉子具有濃厚香氣，除能垂直生長的品種外，還有於地面蔓延伸展的類型。喜好充足的日照，適合在通風佳、排水良好的土壤中生長。

極耐乾燥與寒冷，較懼怕高溫多濕的氣候。梅雨季開始後，要仔細修剪植株並採收枝條，使其能透氣通風。寒冷地區仍可在戶外過冬。

■利用法　利用部分　葉　花　莖

添增料理風味

百里香可活用於各式料理中，如塗在肉類表面燒烤，或塞入魚身中烘烤。而蔓性品種還可做爲庭園的地被植物。

【苗】
育苗期為每年的9～11月。

【莖和葉】
香草茶具有消炎、殺菌的功效，感冒時還可緩解喉嚨的疼痛。

【花】
可裝飾各式料理，或撒於湯品上。

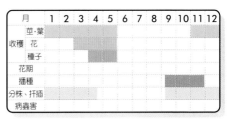

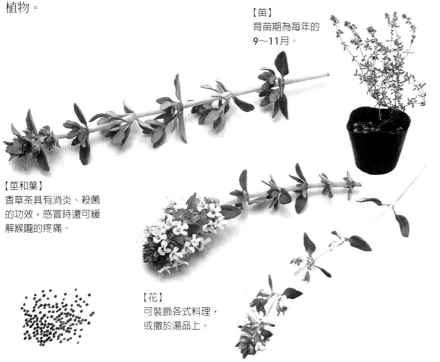

法國龍蒿

利用法

【科　名】菊科
【類　別】多年草本植物
【英　名】*French tarragon*
【株　高】100cm

料理（香料）
園藝
飲茶
香花包

月		1	2	3	4	5	6	7	8	9	10	11	12
收穫	莖·葉	■	■	■	■							■	■
	花			■	■	■							
	種子					■	■	■					
花期										■	■	■	
播種										■	■	■	
分株、扦插			■	■									
病蟲害													

土	**肥沃**	普通	貧瘠
澆水	多濕	**普通**	**偏乾**
陽光	**陽光充足**	日陰	半日陰
濕度	**耐寒**	半耐寒	不耐寒

■特徵・培育方法

生命力強且容易栽植

法國龍蒿又稱爲龍艾，在清甜的香氣中還稍帶一點苦辣味，是法國傳統的香辛類香草之一。與法國龍蒿相似的俄羅斯龍蒿，香味稍淡，作爲香辛料的使用價値並不高。

這種香草非常耐寒，如果栽植的土壤排水良好，在陽光不直射的明亮處也能茁壯生長。要控制水分與肥料的補給。

■利用法　利用部分　葉　花

嫩葉可用於料理

乾燥後香味會變淡，所以通常用嫩葉加入料理，或乾燥做成香草茶。是法國菜不可或缺的香草材料。

【苗】
育苗期為每年的4～6月、9月。

【葉】
切碎後可用於醬料提味，或加入奶油熬煮。

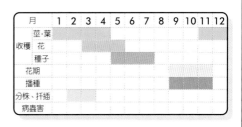

■特徵・培育方法

在向陽處可生長良好

蒲公英在歐美被稱爲「大自然的藥房」，是已被廣泛運用的香草種類之一。栽培容易，適合陽光充足、排水良好的環境。喜好中性或偏鹼性的土質。

西洋蒲公英

利用法

【科　名】菊科
【類　別】多年草本植物
【英　名】*Dandelion*
【株　高】10cm～50cm

料理
園藝
飲茶（活力）
浴用
香花包

月		1	2	3	4	5	6	7	8	9	10	11	12
收穫	莖・葉	■	■	■	■	■							■
	花			■	■	■	■						
	種子					■	■	■					
花期													
播種										■	■		
分株、扦插													
病蟲害							■	■	■				

土壤	肥沃	**普通**	貧瘠
澆水	多濕	**普通**	偏乾
陽光	**全日照**	半日照	斜日照
溫度	**耐寒**	半耐寒	不耐寒

■利用法　利用部分　葉　花　根

無咖啡因的蒲公英咖啡素負盛名

嫩葉可拌製沙拉或沖泡香草茶。另外，將根乾燥烘乾後，可作成蒲公英咖啡或無咖啡因咖啡飲用。

【苗】
育苗期為每年的9～10月。

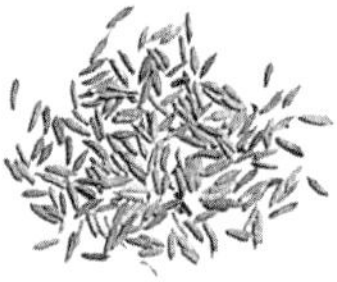

【葉】
嫩葉可加入沙拉或油炸食用。

【花】
可和葉子一起浸在酒中。

【根】
將其乾燥細切，經過烘培後就能作為咖啡豆的替代品。

MEMO

●西洋蒲公英和日本蒲公英●

菊科蒲公英屬中大約有400種植物，若要加以區分，首先要看萼形、顏色及性質。

本書介紹的西洋蒲公英，是在日本經過雜交的品種，由於生命力強，已廣為栽植。花下的萼片反向生長為其特徵。

苦苣

利用法

料理
園藝
飲茶
(活力)

【科　名】菊科
【類　別】多年草本植物
【英　名】*Chicory*
【株　高】50cm～100cm

月		1	2	3	4	5	6	7	8	9	10	11	12
收穫	莖·葉	■	■	■	■								
	花				■	■							
	種子					■	■	■					
花期													
播種										■	■		
分株、扦插													
病蟲害													

土壤	**肥沃**	普通	貧瘠
澆水	多濕	**普通**	偏乾
陽光	**全日照**	半日照	斜日照
溫度	**耐寒**	半耐寒	不耐寒

■特徵·培育方法

喜好鹼性土壤

需要日照充足的環境，較適合培植在排水良好、營養豐富的鹼性土壤中。且苦苣的根部既挺直又粗大，所以定植時要確實深挖基床的土壤。

進入初夏後會開藍色小花，是清晨綻放、晚上閉合的一日型香草，但能夠連續不斷地開展。晚秋時，將已落葉的根株保存在較深的容器中，置放於10℃左右的陰暗處。一個月後，葉片就會疊成球狀，可作為蔬菜食用。（此為遮光處理的軟化栽培法）

■利用法　利用部分　葉　花　根

可作為蔬菜食用

花和嫩葉可加入沙拉，或火炒食用。根同上頁的西洋蒲公英一樣，可當作咖啡的替代品飲用。

【根】
比起蒲公英咖啡，
味道更為柔和。

【苗】
育苗期為每年的
9～10月。

【嫩芽】
在歐美採用遮光的軟化栽培法
種植，並當作蔬菜食用。

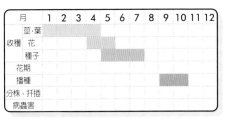

■特徵・培育方法

注意勿太過乾燥

細葉芹又稱爲峨參或茴芹，較偏好日照充足但陽光不直射的場所，適宜在排水良好、富含有機質的肥沃潮濕土壤中生長。

此香草不適合移植，最好將種子直接播撒在容器或花壇中，若是用苗株定植，注意勿弄散根部的土團。對盛夏的日照和乾燥敏感，要特別注意水分的補給。且需進行遮陽管理，讓植株涼爽通風。

■利用法　利用部分　葉　花

為各式料理增添風味

常用來爲魚、肉類料理提味，而「細葉芹」、「歐芹」、「法國龍蒿」等混合香草料，更是法國料理中的重要角色。

細葉芹

利用法：料理（香料）、園藝、飲茶、浴用

【科　名】繖形科
【類　別】一年草本植物
【英　名】*Chervil*
【株　高】70cm

月		1	2	3	4	5	6	7	8	9	10	11	12
收穫	莖·葉	■	■										■
	花		■	■	■								
	種子				■	■							
花期													
播種										■	■		
分株、扦插													
病蟲害													

土壤	**肥沃**	普通	貧瘠
澆水	**多濕**	普通	偏乾
陽光	全日照	半日照	**斜日照**
溫度	**耐寒**	半耐寒	不耐寒

【苗】
育苗期為每年的9～10月。

【葉】
嫩葉可加入沙拉和湯品中。

■特徵・培育方法

注意保持濕潤

葉子雖然像蔥，但較無蔥類植物特有的辛辣味道，開淡紫色的花。日曬充分但陽光不直射的環境中均可生長良好。喜好排水佳並略帶濕氣的營養鹼性土壤。

因不耐乾燥和高溫，所以夏季需讓香草置於陰涼處，並用網紗遮陰，以避免陽光直射。

■利用法　　利用部分　葉　花

讓料理更添美味

可將花拌入沙拉、或做爲魚、肉料理的香料。另外，還能切碎撒於湯中或混入奶油中提味。

土壤	肥沃	普通	貧瘠
澆水	多濕	普通	偏乾
陽光	全日照	半日照	斜日照
溫度	耐寒	半耐寒	不耐寒

細香蔥

利用法

【科　名】百合科
【類　別】多年草本植物
【英　名】*Chives*
【株　高】20cm～30cm

料理（香料）
園藝
香花包

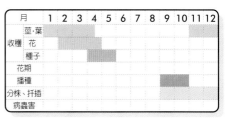

月		1	2	3	4	5	6	7	8	9	10	11	12
收穫	莖·葉												
	花												
	種子												
花期													
播種													
分株、扦插													
病蟲害													

【苗】
育苗期為每年的9～10月。

【葉】
培育至20公分以上時，應立即剪短，如此即能很快長出新芽，且每月均可採收。

【花】
可製成乾燥花。

■特徵·培育方法

要避免移植

只要種在日曬充足、排水良好的地方即可，這種香草對土質並無特殊要求。因根部容易受傷，所以最好用種子直接播種栽植。若使用苗株定植，要格外仔細照顧。

因株高可達1公尺以上，所以要架設支柱，加強根部土壤的緊密，避免香草倒塌折枝。

因易和茴香雜交，需要分開種植。

■利用法　利用部分

葉　花　根　種

用於菜餚烹調

莖和葉可調製沙拉，或加入魚、湯等料理使用，花和莖則可做成醋漬料理或香草醋。

土壤	**肥沃**	普通	貧瘠
澆水	**多濕**	**普通**	偏乾
陽光	全日照	**半日照**	**斜日照**
溫度	**耐寒**	半耐寒	不耐寒

蒔蘿

利用法

【科　名】繖形科
【類　別】多年草本植物
【英　名】*Dill*
【株　高】60cm～100cm

料理
園藝
飲茶（活力）
香花包

月		1	2	3	4	5	6	7	8	9	10	11	12
收穫	莖·葉	■	■									■	■
	花		■	■	■								
	種子			■	■								
花期													
播種										■	■	■	
分株、扦插													
病蟲害													

【葉】
可當作燻鮭魚的配菜或醃魚時使用，所以被稱做魚類香草。

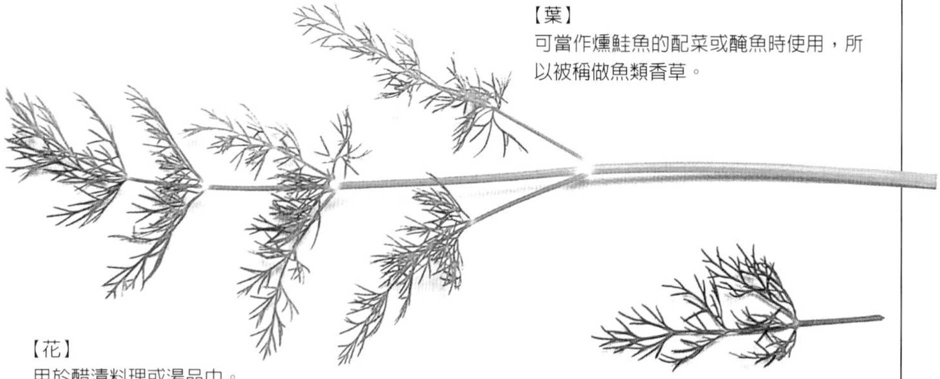

【花】
用於醋漬料理或湯品中。

蕺菜

利用法

【科　名】三白草科
【類　別】多年草本植物
【英　名】*Doku-dami*
【株　高】30cm～50cm

園藝
飲茶
(活力)

■特徵・培育方法

喜歡潮濕且較為陰暗的環境

又稱爲魚腥草，是一種分布在亞洲各地的野草，會自生於潮濕、稍陰的環境中。

在中國作爲中藥使用；日本自古也將其作爲民俗療法、藥茶使用。只要有適宜的濕度環境，不需特定土質即可健康成長。

地下莖十分發達，有點麻煩的是會四處蔓延。葉子中有白或黃色的斑點，是很受歡迎的觀賞植物。

月		1	2	3	4	5	6	7	8	9	10	11	12
收穫	莖·葉				●	●	●	●	●	●	●	●	
	花					●	●	●	●	●			
	種子										●	●	
花期						●	●	●	●	●	●		
播種													
分株、扦插				●	●	●	●	●	●	●	●		
病蟲害													

土壤	肥沃	普通	**貧瘠**
澆水	**多濕**	普通	偏乾
陽光	全日照	半日照	**斜日照**
溫度	**耐寒**	半耐寒	不耐寒

■利用法

利用部分 葉

料理應用範圍廣泛

具有解毒、整腸的效果，也可當作香草茶沖泡飲用。可採收全草並乾燥保存。

【莖和葉】
在日本是將其乾燥熬煮後飲用。

【花】
花朵具有野生風情。

【苗】
育苗期為每年的3～10月。

香草的歷史

歐洲篇

看孕育於地中海的香草文化，席捲歐洲的完整歷史

◆從羅馬帝國擴展到全歐洲

◆源於地中海沿岸，埃及豔后也是愛用者

香草的起源

香草的名稱是起源於地中海沿岸。當地人們將日常生活中可用來薰香、沖茶，愉悅人心的植物泛稱爲「香草」，這個名詞也就因此流傳下來。西元前2800年的古埃及莎草紙文獻中，就載有以香草做爲醫療用途的使用記錄。在巴比倫王國的黏土板遺跡中，也曾發現刻有香草的名單。而埃及女王古麗奧佩脫穿著香草浸染的衣物，並以香花包浸浴，甚至製造香草精油的事蹟更是聞名。

於醫療領域的確立

當香草由古埃及傳到希臘後，藉由希波克拉提斯收集的四百餘種香草配方與迪奧斯科理斯撰寫《藥物論》一書的努力，正式確立了香草在醫療領域的地位。到中世紀爲止，香草一直都是歐洲的醫療基礎。

古羅馬與香草的普及

之後，香草傳向古羅馬帝國，被應用在療癒士兵傷口與提高軍隊士氣等方面。並隨著古羅馬帝國領土的擴張，香草文化在歐洲也迅速傳播開來。地中海區域的勢力版圖雖然不斷改朝換代，但因伊斯蘭教的西進，而陸續引進亞洲地區的香草，並繼續將其流傳至歐洲各地。

香草花園與香水的誕生

進入中世紀後，香草成爲貴族的生活用品。十字軍遠征時，再度將各式各樣的珍貴香草帶入歐洲，並在貴族邸館中建造香草花園。進入十六世紀，在文化與藝術熱烈復興的同時，香草文化也隨之急速發展，香水於焉誕生。此時，香草的利用方法也日臻成熟。

從定植花苗開始享受香草的樂趣

香草的栽培方法

1

【定植、混合栽種、繁殖】

決定喜歡的香草後，就立即準備栽種吧！首先，我們從花苗開始進行。要使花苗長得好，需要經得起各種挑戰。讓我們從播種和扦插兩種繁殖方法著手學習！

從苗株開始培育香草！

培育方法1──盆苗的定植方法

若是初次種植香草，到花店購買種苗栽種，是最簡單、也是最不容易失敗的方法。

種植方法有很多，也各有其趣，可以一盆只種單棵種苗，也能合植在大花盆中，甚至還能直接種在花園裡。

1 牢記苗株定植作業的程序

準備好栽植的場所，再從花盆移出苗株

定植時要注意勿讓香草根部過乾

實際進行定植作業前，應先牢記栽植的步驟，這樣才能使工作進展順暢。若使用買來的盆苗，香草苗株已在容器中長到一定大小，栽植會容易許多。

定植時，不要讓根部過乾或受傷，不論是容器栽培或庭園栽植，注意一定要先準備好場所後，再取出苗株定植。

移植的程序

準備種苗、工具、資材
▼
準備花盆、容器
▼
花盆中先放一些培養土
▼
將種苗種在花盆或容器中
▼
有空隙處確實填土
▼
補足土壤
▼
壓實土壤
▼
澆水

2 選購盆苗

選取沒有病蟲害的健康苗株

親手確認後再選購健康苗株

一般在花店或園藝賣場等處都售有盆苗。選購時，一定要用手親自確認過種苗的健康狀況。若苗株根部鬆動、葉子枯萎，就應該避免購買。

另外，新芽與葉子背面常潛伏有病蟲害，要仔細確認。

新芽或花蕾處沒有蟲害
葉子生氣勃勃
幼苗根部不應鬆動軟弱
莖應結實強健
根系必須開展良好

3 一、二年生香草的盆植操作

將琉璃苣的苗株種在5～6吋盆中

依成長狀況選擇花盆大小

本頁是以種植單盆單株一年生香草爲例，作爲說明。

盆苗通常大都是種在2.5～3吋大小（直徑9公分左右）的花盆內。

進行植苗時，應採用大2號，即5～6吋（直徑15～18公分）的花盆中。

因同樣大小的花盆會讓根部的生長空間不足，不利於苗株的生長。

若是種植的香草可長到1公尺以上高度，或是橫向擴展過廣的品種，就應該選用更大的花盆種植。

1 準備種苗、工具、資材

琉璃苣種苗、花盆（6吋）、培養土、缽底石、鏟子、木片、缽底網。

2 鋪設缽底網

為預防土壤從花盆底部的排水孔流失，或讓害蟲藉孔穴侵入，所以盆底要先鋪上缽底網。

3 鋪上缽底石

放入缽底石時，注意不要讓石頭從網孔中掉出。缽底石使用大顆的發泡煉石或輕石均可。

4 放入培養土

將培養土鋪在缽底石上，放入苗株時要調整土壤高度，使其距離花盆邊緣約2～3cm高。

5 從育苗盆中取出苗株

輕輕握住植株基部，從盆底擠壓上推後取出苗株，注意不要握得太緊。

6 將苗株置入花盆

取出苗株後，切勿弄散根部土團。直接將苗株植入已放好培養土的花盆中央即可。

7 將空餘部分填滿培養土

用培養土填滿苗根及花盆間的空隙。

8 填土時要保留足夠的容水空間

澆水時，水分會積留在土表，所以土面與盆緣間，要預留約2～3公分的高度。

9 填實土壤

將第七步驟填入的土壤用木片搗實，讓土壤間不要留有空隙，注意不要傷到植株的莖根部位。

10 補足土壤

用培養土補足因密實作業而低陷的土面，並使其平整。

11 穩定土壤

充分補土後，用拳頭輕敲花盆的側面，以震實土粒。

完成後的整理

定植完成後，要充分給水，直至盆底出水為止。定植後一周內，請不要讓苗株受日光直射和淋雨，一週後再置於陽光充足的地方培育。

4 多年生香草的盆植操作

將香蜂草的幼苗，種植於素燒花盆中

能長久賞玩的多年生香草

相較於過季後就枯萎的一年生香草，多年生香草指的是生長季結束後仍能存活的植物。

且因品種不同之故，有些香草還能終年採收。像是薄荷與香蜂草等，都是屬於這類的多年生香草。

雖說定植後可常年收穫賞玩，但也不要一開始就移植至大花盆。

最初應選用比苗株大上一、二號的花盆，等根部長滿盆內空間後，再於春秋季節換入更大的花盆內。

定植

1 準備種苗、工具、資材

香蜂草種苗、花盆（6吋）、缽底石、培養土、缽底網、鏟子、木片。

2 將土填入盆中，為定植做準備

由於盆底有排水用的孔穴，為防止土壤流失及害蟲侵入，必須鋪上防蟲網。注意！放置缽底石時不要讓網子滑開，之後再填入培養土。

3 從盆中取出苗株

一手扶住苗株基部，另一手向上推擠育苗盆底部，將種苗從塑膠小盆中取出。

4 填入土壤

將剛剛取出的苗株，依照生長方向置入已準備好的花盆中央。定植時，要注意留下約1~2公分的容水空間。

5 填實土壤

土壤充分填入後，用木片輕輕插入搗實，以使土粒間不要留有空隙。注意只要搗實新加入的土壤部分，不要傷及幼苗根部。

▼

▼

補足餘土後，應鋪平土面，若有下陷處，必須再次補土，以維持土壤高度。

完成！

1個月後

苗株確實生根，也長出大量葉子，此時可進行採收並整理剪枝。入夏前需再次修剪。

完成後的整理

完成定植後，必須充分澆水以補足水分，且需避免陽光直射。之後置於種植場所，不論是陽光充沛或日光不直射的明亮處，都能生長良好。收穫時可同時修剪枝葉，以利植株通風。

當植株變得毫無生氣時

夏季後進行剪枝

香草大多不耐夏季炎熱，特別是高溫多濕的氣候極不利於多數香草植物的生長。

夏季高熱過後，應修除枯萎的部分，並將枝條剪短，使香草回復健康與元氣。

要點在於剪除節位以上的部分，此節就能再生新芽，並於秋天採收。

另外，爲讓香草早日回復活力，要盡量保留葉子。

若土壤減少，要補足新培養土，香草的生長勢就會改善。

1 酷暑後的疲倦香蜂草

經夏季強烈暑氣後，約秋季時可進行香蜂草的盆栽處理。此時植株因水分被蒸發，且經強烈日照而顯得奄奄一息，毫無生氣。

2 從新芽上方處剪除

要完整剪除枯葉部分，而枯枝則是從基部算起2～3節的地方切除。若節已長出新芽，就於新芽上方處修剪。

若將枝條全部剪除，可見到土面已比定植時更為下沉，所以要從盆底補充土壤並將之壓實鋪平。如此新芽會很快長出，較冷時植株就會再次枝葉繁茂。

作業後

Point

3 從莖節上方剪除

若是無葉且未長出新芽的莖，就從節的上方剪掉，如此莖節處將會再長出新芽。

5 在花盆中栽植木本類的香草！

將橄欖苗種在7～8吋的花盆中

種植時勿破壞根部

樹木幼苗的定植方式基本上與草本類的香草相同。

種植前，先考慮整體大小後，選擇較植株大2號尺寸的花盆定植。通常是7～8吋左右即可。

若選用橄欖之類的常綠喬木，不要弄散種苗的根部土團，直接進行定植即可。

① 準備種苗、工具、材料

橄欖樹苗花盆（7號）盆底石、培養土、回填土、盆底網。

② 移苗

用缽底網覆蓋盆底的排水孔。缽底石的放置高度以到達盆高1/5為宜。填入培養土時，要使其到達適宜高度，並將取出的種苗置於花盆中央。

③ 填實土壤

用培養土填實花盆，和種苗根團間的空隙。填滿後，以木片搗實，注意土粒間不要留下過多空隙。

凹陷處用培養土補足，並且將土面鋪平

完成後的整理

定植完成後，應充分給水澆透，直至盆底排水孔流出水來為止。一週內注意不要受風，並置於日光稍陰處。隨後再放置於日光充足、通風良好的場所培育，若土壤表面變乾，記得要補充足夠的水分。

2個月後

夏天的狀態。根系已適應新土壤，枝稍也開始伸展，此時不需進行特別的處理。

4個月後

夏天過後，植株生長狀況極佳，可不進行修整，但必須剪除枯萎部分。

6 將一年生香草種植在長方形花盆中

把羅勒種苗種在長方形花盆中

必須有充分定植的間隔

讓我們試著在長方形花盆中，合植數株香草苗！

一開始可用種類相同的香草組合混種，如此一來，合植後的澆水管理就會方便許多。

準備好一個大容量的長方形花盆，須事先考慮植株未來的生長狀況，並預留充分空間讓株苗成長。

定植前，應先將種苗盆置於花槽中，決定種苗的最後位置，與苗株生長方向。

栽種時需注意種苗間不能有空隙，務必確實填土。

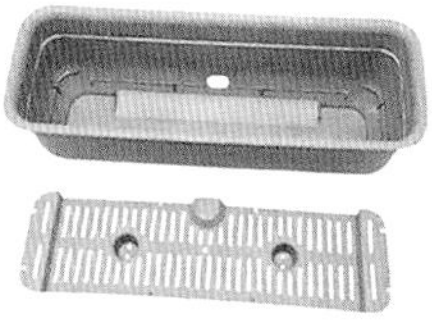

右圖為塑膠製長方形花盆。選用此類容器種植時，要注意排水狀況。澆水時應取下排水栓，讓盆底積留的水分流掉。花盆底部無須鋪設缽底網。

① 準備種苗、工具、資材

三種羅勒種苗、長方形花盆（45cm）、缽底石、培養土、木片、鑷子等工具。

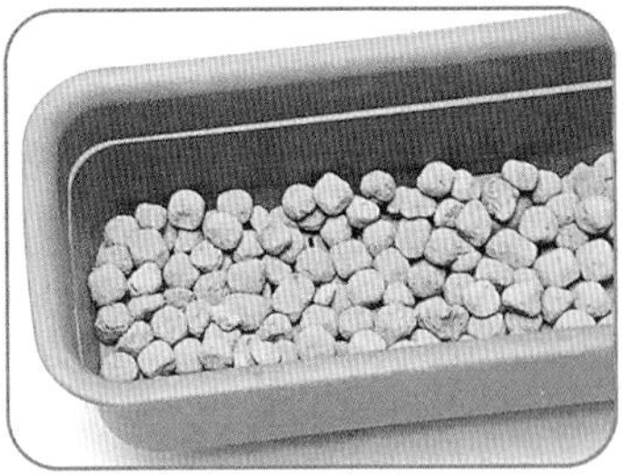

② 鋪上缽底石

將缽底石鋪於花盆中。

③ 決定好定植的位置

將培養土填於缽底石之上，再用三盆育苗盆試擺，模擬完成後的狀態，以決定種植位置與苗株生長方向。並再次調整土面的高度，使定植後仍留有2～3公分的容水空間。

4 將種苗從育苗盆中取出

一手握住苗株基部並向上傾斜，另一隻手向上擠壓育苗盆底，取出種苗。再將幼苗直接種在選定的位置上，注意要確認植株的生長方向及位置。

5 填入土壤

將其餘種苗取出植入，再用培養土填滿苗株間的空隙部分。

6 搗實土壤

用培養土將根團完全蓋滿，再以木片壓實新置入的培養土，使土壤與根團間沒有空隙。

7 補足餘土

用土填滿空隙部分後，應該補足土面比苗根更低的地方，使花盆內的土面高度一致。

8 震實土壤

抓起花盆以其底部輕敲地面，將土壤震實。

完成!

完成後的整理

移植完成後，應充分澆透，直至水從盆底流出。記得要倒掉盆底的積水。定植後數日間，要將盆栽放在日光充足的地方，不讓苗株受風。隨後再置於陽光充足、通風良好的地方培育。若開始生長，就要進行摘心處理（見155頁），以使枝葉增多。進行剪枝、整理的同時，還可順便收穫香草。

壓實鋪平土面後就完成了，從左至右依次為檸檬羅勒、香羅勒、九層塔。

2個月後

羅勒為一年生植物，春天到夏天間的生長極快，可根據不同目的進行收穫和培育。進入夏季後會開花，可留下花朵賞花，若只想收穫葉子，則需摘除花芽，葉子的收穫會更好。

MEMO

●羅勒的同伴們●

羅勒品種衆多，大約有一百種以上。因其中大多數各有相異的香氣，所以常被使用在料理中。

常用的有以大型捲葉為特徵的萵苣羅勒、深紫紅色的紫葉羅勒與株高30公分的小矮糠羅勒等。

具有香甜味的羅勒均泛稱為香羅勒，且世界各地都有各式各樣不同品種的香羅勒。

夏天過後

剪枝後，秋天就能再次收穫

夏天過後，香草的外觀已顯得凌亂，若在9月中旬進行剪枝，會從旁邊再生新芽，深秋時就可採收了。

剪除新芽上方的部位，然後用新的培養土補充不足的地方。

如果長出種子，要連同莖葉一起剪除，然後掛在通風的日陰處乾燥保存。

1 迎秋的羅勒

花開盡後，植株外觀會顯得凌亂。由於是一年生草本植物，若於9月中旬進行剪枝，就能再次享收穫的樂趣。

2 種子的收穫

花已凋謝，且也長出種子成熟時，可剪除整條花穗。剪除後的花穗不要受陽光曝曬，置於通風良好的地方陰乾，然後收穫種子。

種子的收穫和保存請見164頁

3 剪枝

可將伸展過長的枝條，剪掉1/2～1/3的長度。要從新芽上方剪除，如此新芽就會繼續生長，也就能再次收穫。而乾枯的枝葉，則應從根部剪除。

作業後

整體剪枝整理後，用新土補足苗株根部處的土面。作業後應仔細施予肥料，並充分澆水。

7 將多年生香草種在長方形花盆裡

將薰衣草種在長方形花盆中

栽種時勿傷到植物根系

種植多年生香草，可長年享受栽植的樂趣。

若將它定植在較大的花盆中，就能長期收穫與觀賞！

定植時，從育苗盆中取出苗株，可不進行任何處理即栽植於花盆裡，用培養土填滿根系與根系之間的空隙，苗株會漸漸適應新填入的土壤，繼續生長。

因爲植株會持續生長，所以株間應預留足夠空間以備今後成長。

1 準備種苗、工具、資材

3株薰衣草種苗、長方形花盆（45cm）、缽底石、培養土、缽底網、鏟子、木片、苦土石灰。

2 攪拌苦土石灰

因薰衣草於酸性土壤中生長困難，所以栽種前一週，就必須用苦土石灰混入培養土中，以調整土壤的酸鹼值。

3 決定栽種的位置

將準備好的種苗置於花盆中試擺，排定苗株間距和生長方向。

Point

4 用手保護株苗

取出種苗時，應該用一隻手輕輕壓住植株基部，以防苗株的莖和葉受傷折斷。

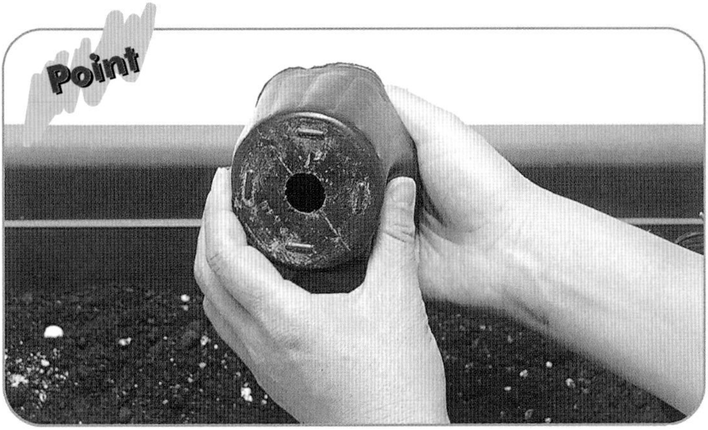

5 傾斜育苗盆再取苗

一手支撐住苗株基部後，將育苗盆傾斜，用另一隻手將種苗從育苗盆中取出。

6 取出時，不要傷害苗株根系

取出苗株後，可見到植物的根系在土壤中呈塊狀盤根錯節，這樣的狀態稱作「根團」。若根團的土壤鬆散，就會傷到根系，所以拿取時要小心。

7 苗株不需處理，直接置放於花槽中

試擺決定苗株位置和生長方向後，放入種苗。此時可根據苗株高度，預留出2～3cm的容水空間。根據不同需要進行調整。高度不夠時，可在根系底部加入土壤；若較高時，則應減少底部培養土。

⑧ 搗實土壤

將苗株全放入花槽的預定位置後，用培養土填滿根系間的空隙。新填入的培養土應用木片搗實，不要留下空隙。

▼

完成！

將土搗實後，土壤不夠的地方用培養土補足，最後壓實鋪平土面。提起盆底輕敲地面，以使土壤震實。

完成後的整理

作業完成後，應該充分給水澆透，直至盆底流出水來，數天內不要讓香草受風吹及陽光直射。當苗株適應後，再置放於通風良好、陽光充足的地方栽種養殖。

MEMO

●薰衣草的種類●

薰衣草的種類極其繁多，在日本大致將其分為以下幾大類，台灣地區則可在中海拔地區週年栽種①～③項，低海拔地區則是秋天種植為宜。

①英國薰衣草

初夏時所開的紫紅色小花會呈穗狀，是最常見的品種，學名的第一個字通常是L.a.。像是普通薰衣草、黑德哥特薰衣草、木絲特薰衣草、矮化薰衣草、雷德薰衣草等都是。

②大薰衣草

初夏開花，株型較大。這種香草的香味濃郁，學名前通常帶有Lintermedia。品種有古老索薰衣草、凹凸薰衣草、大白薰衣草等。

③法國薰衣草

春天開花，花瓣長，有兔耳一般的外觀是其基本特徵。學名前常冠以L.s。有德塔塔薰衣草、貝德庫拉德薰衣草（西班牙薰衣草）、阿魯巴薰衣草等品種。

④普特羅斯多卡斯薰衣草具四季開花特性。

8 在庭院中栽種香草

在庭院栽種薄荷、鼠尾草天竺葵

製造適合香草生長的土壤

想在庭院種植香草時，若冒然將香草種下，結果常會失敗收場，主要是因爲庭院中的土壤，會因雨水沖刷的影響而變硬，土質也因而傾向酸性。

如果想培育出健康有元氣的香草，就一定要從製造香草喜好的土壤開始。

首先，將土壤掘起並耙鬆，耙土深度約30～40公分即可，若是類似菊苣般的根系發達植物，掘土深度宜在50公分以上。

接著，將腐葉土及堆肥等緩效性肥料，以一至三成的比例混入耙鬆後的土壤中，充分拌勻後就是效果不錯的基肥。

注意定植的深度

充分混合土壤後，應壓實鋪平土壤表面。定植前，應將育盆苗置於庭院中排好試擺，以決定香草的定植位置。根據確定好的位置挖掘後，再取出種苗定植。

需準備的材料
薄荷種苗、鼠尾草種苗、天竺葵種苗、堆肥或腐葉土、基肥、苦土石灰、小鏟子、移植用鏟子

MEMO

●定植前先確認酸度●

多數香草原產地的土壤為中性或鹼性。

因此在定植前應先檢測土壤的酸度，若呈弱酸性，應使用苦土石灰中和。

酸度測定儀和苦土石灰可在園藝賣場買到，若想欣賞各式各樣的香草，就必須事先備齊這些必要的工具。

1 決定種植的位置

進行作業前，先用育苗盆進行試擺，確定苗株的定植位置。注意，配置時需考慮苗株未來的生長外觀，讓植株間有充分的生長距離。

定植時，若種得太淺根部會露出；若種得太深會埋到莖和葉，所以一定要注意種植的適合深度。

薄荷屬於地下莖容易伸展延長的香草種類，其生命力非常旺盛，因此會抑制其他香草的生長。一般都是採用盆栽的方式種植，盆栽方式的缺點在於苗株根系的發展會受到限制。

② 將基肥混入土壤中

在土中施撒緩效性合成化學肥料。由於薄荷、鼠尾草、天竺葵都不喜歡太多肥料，所以不要施撒過多。

③ 充分翻土

將肥料混入土壤的同時，需提高土壤的通氣性和排水效果，所以一定要充分翻土。土壤耙鬆後，再壓實鋪平土面。

④ 挖掘種植孔穴

確定好定植位置後，即可挖掘孔穴，深度應比香草根系團土的高度稍深，將鼠尾草植入挖好的坑中。

⑤ 種下薄荷盆栽

薄荷是地下根系發達的植物。如果將其直接種在土中，會妨害其他香草的生長空間，所以必須採用連同花盆一起種植的方式。

⑥ 回填土壤

將薄荷盆栽周圍的空隙用土回填，如果花盆被全部埋沒，地下莖就會越過花盆繼續延長伸展，所以要讓花盆邊緣突出於土表之上。

7 栽種天竺葵

挖好與天竺葵根系大小合適的孔穴後，植入天竺葵的種苗。

8 覆土

將苗株置入孔穴後，用土將坑穴的空隙逐一填平。

9 注意不要種得過深或過淺

輕壓植株基部使其確實填入穴中，記得要確認高度，特別注意不要種得過淺而露出根系，或讓根系團土過高；也不要種得過深而使莖和葉沒入土中。

完成！

鼠尾草（左後）、天竺葵（右後）、薄荷（正前）

定植後的整理

定植作業完成後應充足給水。為使根系充分吸水，除植株外，連周圍也都要大量澆水。作業完成後，已進行過一次充分的澆水處理，之後只要不是太乾燥，就沒有必要再澆水。等香草開始生長後，可對薄荷進行摘花處理，使其繼續繁殖。而天竺葵則是在春天花謝後，將其枝條剪至距地面**10**公分的高度。

組合種植香草

培育方法2——合植的方法

「栽種香草的主要目地，雖是為了採收成果，但同時也是為了能在庭院或陽臺賞玩這些香氣四溢的花草」、「沒有足夠空間可擺放各式花器！」其於上述的需求與環境限制，我們可以組合栽植數種香草。合植時需注意一起栽種的植物，必須喜好相同的生存環境。

1 牢記植苗作業的程序

定植前就做好規劃與設計

基本程序與單株定植作業相同

所謂合植，是在大型花器中同時種下數種香草。因定植作業流程與基本的作業都相同，只要瞭解基本程序就很簡單。

取出種苗後，依序細心操作

首先，作業前應先備好種苗和工具。接著，將缽底石放入花槽容器中，回填培養土，做成可隨時植入苗株的狀態。

將苗取出前，先在花槽中試擺，決定香草的適當定植位置。若未能事先確定，常會因爲思考太久、或來回擺放，而傷害到香草的根系。且栽植時要從根系大的香草開始種植，漸次填入土壤後，再依序種入根系小的香草，使土壤高度慢慢增加。

2 選擇合植的香草種類

選擇適合於同一環境生存的香草

香草的適合環境大不相同

因香草種類不同，有的需要大量的水分、有的則偏好乾燥，不同種類香草喜愛的環境常是大異其趣，若將喜好乾燥的香草與需保持濕潤的種類合植，就會很容易發生問題。

讀者可根據本書內容，先確認各種香草的土質要求、日照條件、水分管理後，再來選擇相同或相近的品種。

移植的程序

準備種苗、工具、資材
▼
準備花盆、容器
▼
花盆中先放一些培養土
▼
先想好定植的規劃與設計
▼
植入根系團土較大的苗株
▼
植入根系團土較小的苗株
▼
空隙處填入土壤
▼
壓實土壤並使其穩定
▼
澆水

3 用圓形花盆種植熱門香草

種植迷迭香、百里香、奧勒岡、鼠尾草

想好生長後的姿態再決定種苗的配置

把迷迭香、百里香等受人歡迎的香草，合植在常見的圓形花盆中吧！

規劃香草的配置時，必須事先考慮過植株成長後的整體外型，再來決定苗株的種植位置。

若採用圓形花盆種植，必須讓擺放起來從任何角落看去都很美觀。一般都是採用中間種較高香草、四周種植低矮香草的方法；或是決定好前方的種類後，再於後方種植較高型的香草。

在這裏，我們選用直立性高的迷迭香，將其植於後方，前面則種上鼠尾草。而植株外型會廣泛伸展的奧勒岡，與蔓性的百里香則種在花盆的邊緣位置。

1 準備種苗、工具、資材

迷迭香種苗（直立性）、鼠尾草種苗，奧勒岡種苗、百里香種苗各一株、圓形花盆（直徑30公分左右）、鉢底石、基肥、鉢底網、培養土、木片、鏟子等填土工具。

2 將基肥混入培養土中

預先充分混合基肥與培養土，基肥的摻入量以輕握一把為宜，不宜摻入過多。

3 決定大致的配置

用鉢底網蓋住鉢底的孔穴，再鋪上鉢底石，然後填入培養土。接下來的工作非常重要，必須先試擺育苗盆，以決定香草的定植位置。此時要確認定花盆的容水高度，並調節培養土的填入量，讓根系最大的苗株土面距離花盆緣約2～3公分。

4 種植迷迭香

決定好定植位置後，先從根系大的香草苗開始種植。這裡我們先從迷迭香開始。若根系大小相同，則是以中央到後方的順序進行作業。

5 栽種其他種苗

接著，從育苗盆取出其他苗株，置入花盆中決定好的位置上。栽種時，應先從根系大的香草及由後向前的順序種入，根系小的香草底部應先填土墊高，最後再壓實鋪平土面。

6 填入土壤

用培養土填滿根系土團間的空隙。

7

以木片搗實剛剛填入的培養土，並補足土壤的陷落處，最後壓實鋪平盆內土面。完成填土後，用拳頭輕敲盆邊，震落浮土並使盆土穩定紮實。

壓實鋪平土壤表面，然後壓實苗株基部後就完成了。

整理與收穫

夏天過後進行剪枝

定植後的苗株，可隨時採摘利用葉子，也可剪除全枝的枝條。

夏天過後，可進行香草的剪枝整理並同時收穫。不但可使苗株間通風良好，還能使因炎夏而虛弱的植株恢復元氣，再來就可於秋天大豐收了。

完成後的整理

作業完成後，應充分給水澆透。接下來的2～3天放在日光充足的日陰處，不要讓植株直接受風吹。之後再置於陽光充足、通風良好的地方培育栽植。如果土壤表面乾涸，可再次澆水，直至充分澆透、水從盆底流出來為止，暫時仍不需要肥料。

2個月後

生長期由春至夏，可先剪除枝條前端部位先行收穫，不僅可讓枝條增多，枝葉還會變得更茂盛。奧勒岡於5月前後開花、夏天結籽。

4個月後

1 移植4個月後

過了夏天後，下位葉會有枯萎的現象，外觀也變得很凌亂。這時可將乾枯的枝條剪除乾淨，只留下能讓植株回復元氣的幼芽。

Point

2 剪枝同時收穫

至於莖部會蔓伸延展的百里香，則是進行剪枝作業順便收穫，讓植株再次整姿。如此就能很快長出新芽，盡早回復生氣。若枝條留得太長，植株就只會在前端茂盛生長，外觀也顯得不好看，所以要將枝條剪短。

③ 收穫奧勒岡的種子

奧勒岡結籽後，可剪下全枝收穫種子，並順便剪除枯枝。

作業後

迷迭香不需要特別的照顧。而鼠尾草的下位葉則已枯萎，只在前端留有葉片，若對其進行剪枝，會什麼都沒剩下，所以不做任何處理，只需等待新芽從節處重新生出。
完成所有的剪枝作業後，要補足因澆水而下沉的盆土。全體作業完成後，需再次充分澆水。

MEMO

直立性與匍匐性香草的差異

迷迭香的某些品種，兼具有向上伸展枝條的直立性，及向四周擴張伸展的匍匐性特質，稱之為半直立性品種。

而所有的迷迭香均可歸於 ***Rosmarinus officinalis*** 類，性質和效果並沒有太大差別，均可用於入菜和沖泡香草茶。

若想合植於庭院中，則視原本規劃為庭院的間隔作物，或是地被植物的利用目的後，再選擇適合的品種。

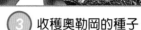

4 將稍大的香草栽種於長方形花盆中

組合種植檸檬馬鞭草、櫻桃鼠尾草、羊耳石蠶

準備較大且深的花盆

種植高度可達1公尺左右的香草時，應盡量選用較深的花器。一般都是將大型香草種在中央或後方，而中型或匍匐性的香草則是種在前方或旁邊。

種植前要先考慮植株培育方式、枝葉伸展方向後，再決定花盆整體的規劃配置。如果選用長方形花盆，種植位置不要排成一直線，而應採用Z字形種植，如此可顯得極有整體感。

至於定植方法基本上與圓形花盆相同，從後方開始種入根系土團較大的苗株，最後將盆土表面壓實鋪平。

1 準備種苗、工具及資材

檸檬馬鞭草種苗1株、櫻桃鼠尾草種苗2株、羊耳石蠶種苗2株、培養土、缽底石、木片、鑷子。

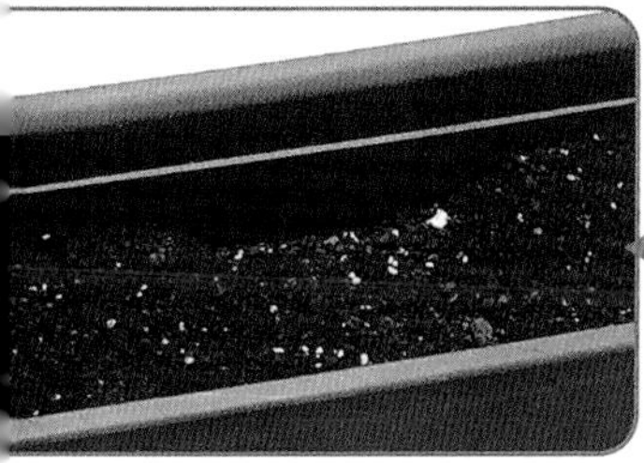

2 準備長方形花盆

如果採用上圖中的長方形塑膠花盆，而盆底已呈網狀時，就不需鋪設缽底網，可直接放入缽底石，並將培養土置於其上。

3 決定排列

先把育苗盆放進花盆中試擺，再決定整體的種植規劃，同時要預先確認苗株間的間距。種入根系最大的香草時（這裡是檸檬馬鞭草），其土面應離盆緣約有2～3公分的高度，以保持一定的容水空間。

4 植入苗株後填土

決定好香草的最終位置後，要先種植根系最大的香草。取苗時，注意勿傷及苗株根系或弄散土團，直接放入花盆中。根系較小的香草，應先墊高底部土壤後再定植，盡量使每株香草的土面同高。取出所有香草並擺設完畢後，用培養土填滿苗株間的空隙。

5 搗實土壤

用木片搗實根系間的土壤空隙，再以培養土補足下沉部分。

完成！

略檯起花盆一邊，輕輕撞擊地面，使浮土震實穩定，再用手輕壓株植株基部，壓實鋪平土層表面。

完成後的整理

移植後應立刻進行澆水，澆透到直至盆底流水為止。之後數日避免風吹或陽光直射。等香草苗株適應環境後，再移至陽光充足、通風良好的環境中培育。若不想讓香草長得太高大，就要先進行摘心作業的處理（剪除枝條端部），使香草的形態錯落有致。

2個月後

檸檬馬鞭草的發育極快，會長得很高，可視採收目的而進行摘葉或剪枝處理。夏季要特別注意預防悶熱及乾燥。

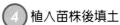

整理與收穫

剪除枯枝爛葉

定植後的苗株可隨時摘葉、剪枝使用。

夏季過後，應進行剪枝整理的作業，因高熱而虛弱的苗株可藉此回復生機，特別是羊耳石蠶，其下位葉常會因悶熱而枯萎，所以一定要剪除葉子。

1 定植3個月後

春季定植後已經過約3個月，通常也過了夏季，育成的香草不但形態凌亂，還出現許多枯枝殘葉。

3個月後

2 摘花

櫻桃鼠尾草的花已凋謝。

3 於莖節上方剪除

進行摘花剪枝處理。可以只摘除枯花部分，但若同時進行剪枝程序，就要於枝條1/2處剪下。若長有新芽，則從緊鄰節的上方位置剪除即可。

作業後

每株幼苗都已剪枝，並修除乾枯部分後，用新培養土補足植株基部下陷處，最後再壓實鋪平土面後充分澆水。

4 剪除枯葉

若任枯葉繼續殘留，會成為植物的致病因，所以應從苗株基部開始剪除殘葉與枯枝。

5 將各種枝葉會下垂的香草種在吊盆中

用吊盆種植貓薄荷、百里香、薰衣草

枝葉下垂型的香草

特別耐乾燥的品種也推薦使用吊盆養殖。特別是蔓性的品種，若是種在盆緣或是花盆周圍，就可欣賞枝葉在盆邊繁盛垂墜的美姿。

這裏推薦的是初學者也能輕鬆掌握的方法，即是用塑膠吊盆栽種貓薄荷、百里香及薰衣草等枝條下垂的香草。

1 準備種苗、工具及資材

貓薄荷種苗、百里香種苗、薰衣草種苗各一株、吊盆、培養土、缽底石、木片、鏟子。

2 準備花籃，決定配置

吊籃底部鋪好缽底石，並先倒入一些培養土。定植前先試擺苗盆，再確定最終位置。

3 苗株定植

決定種植位置後，將種苗從育苗盆中取出，種植於預定位置。注意！要使香草間的土面等高並平坦。

4 用木片搗實土壤

倒入足量的培養土後，用木片搗實新倒入的培養土，使土壤不要有間隙產生。

5 穩定土壤

按實並鋪平土壤表面，再補足土表下陷的地方。接著輕敲花盆側邊，以震穩浮土。

整理與收穫

從苗株基部剪除枯枝

夏季過後，應該進行剪枝，使植株的生長情況盡快回復。

貓薄荷和百里香可從枝條的二分之一處剪除。剪除時，應選擇緊鄰節處的新芽上方。

若是莖部已有枯枝，則應從莖的根部剪除。

輕輕壓實苗莖基部，使盆中土壤平坦並同高。

完成後的整理

作業完成後，應該用水澆透植株，直至盆底流出多餘水分為止。在苗株根系確實生長前，不要使其受風或讓陽光直接照射。之後，可掛在有充足日光，且通風良好的牆壁或柵欄上。

4個月後

① 定植4個月後

百里香的外形會有些凌亂，貓薄荷則顯得疲憊、沒有活力。

Point

② 剪除枯莖

如果有枯莖，應該從根部剪除。另外確定節處是否有新芽。若有，則從緊鄰新芽上方處剪除，剪枝時記得要連葉切除。

2個月後

百里香的枝條伸展並蔓延下垂，而開花後的貓薄荷要進行剪枝與整理的作業。

作業後

整理好植株全體的外型後，用新培養土補足下沉的地方。作業終了後，應再次充分澆水。

6 在長方形花盆中栽種生長旺盛的香草

種植薄荷時，要間隔開來

植株生育性質的強弱，會隨著品種不同而有所差異，像是綠薄荷（皺葉薄荷）、蘋果薄荷，是屬於較強的品種；而鳳梨薄荷與科西嘉薄荷則顯得稍弱些。

合植會妨礙其他香草生長

香草之中，薄荷是屬於生長力極爲旺盛強韌的一種。它會先伸出地下莖，再慢慢擴展至周圍的空間。如果將數種薄荷栽種在一起，很容易讓植株纏繞雜交。

所以合植薄荷這類植物時，一定要隔離開來種植，以限制地下莖蔓延生長。如果只隔開土壤部分，薄荷的地下莖仍會越過間隔繼續延伸生長，所以應該讓間隔高出土面約2公分左右。

仔細剪枝為栽植重點

限制植株生育的重點，在於能夠仔細進行剪枝作業。

1 準備種苗、工具及資材

準備薑薄荷種苗、香蜂草種苗、檸檬香茅種苗、鳳梨薄荷種苗各一株，長方形花盆（45cm）、間隔用不織布、培養土、缽底石、木片、鑷子及剪刀（照片中無）。

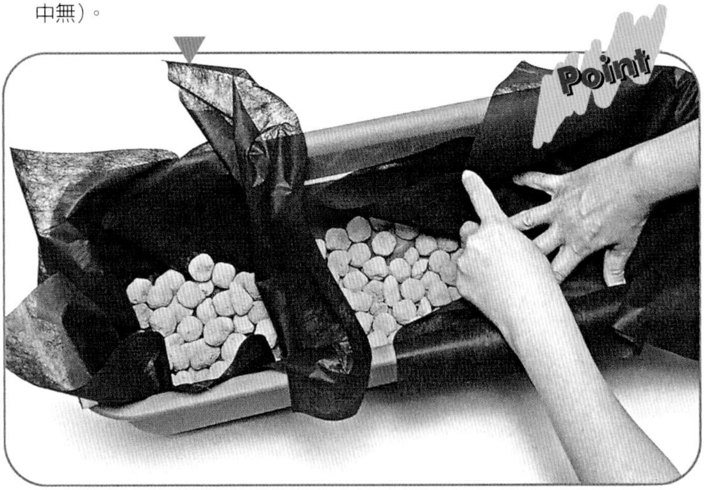

2 製作間隔

將已剪成適當大小的不織布鋪在花盆內，以區隔種植空間。因為薄荷會種在花盆兩邊，所以只用不織布圍起兩邊，而空下中間的部分。

③ 放入缽底石

一手扶著間隔，一手放入缽底石，壓住不織布。

④ 完成間隔工作

因為稍後會切剪不織布，所以要預先準備大一點的尺寸，並讓不織布越出花盆外。

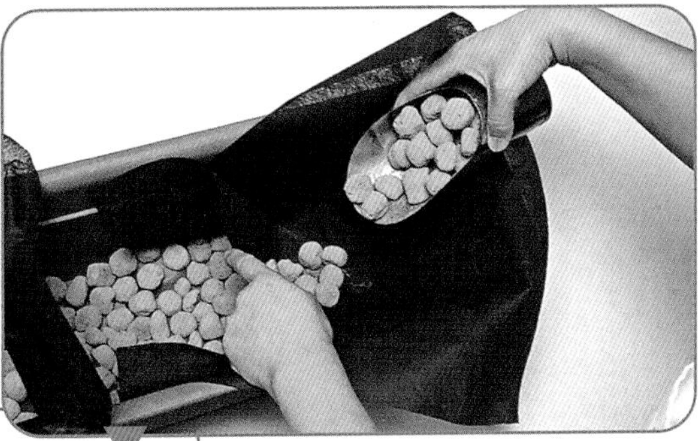

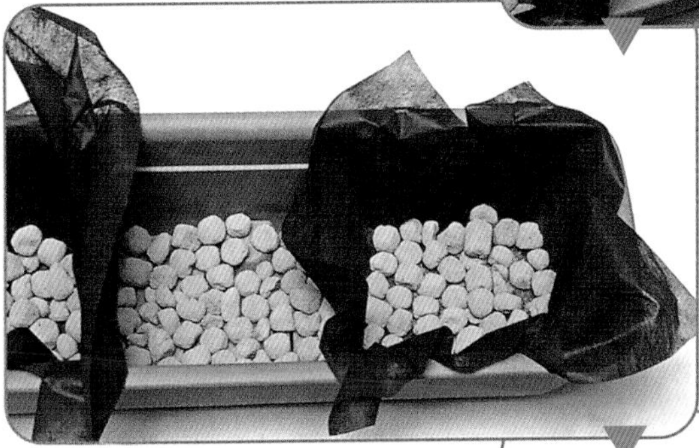

⑤ 回填土壤

在缽底石上倒入培養土，根據欲種植的香草根系大小調整空間，使填入的土壤表面距離盆緣約有2～3cm的容水空間。

MEMO

●可用來當作間隔的物品●

間隔的目的，是為使地下莖不會輕易蔓延伸展，所以應使用透水性佳的產品。

一般在園藝店可以買到不織布、吊盆用墊子。另外也能直接利用盆子，所以亦可利用購入苗株時的塑膠盆。

若只用板子做為間隔，植株還是會順著空隙伸展到旁邊，所以記得要完全隔開苗株較好。

⑥ 決定香草的定植方向

先用塑膠育苗盆，置於已放入培養土的花盆中預擺，好決定植株的最終方向與配置。另外，記得要確認各植株的容水空間是否足夠。

7 這就是薄荷的地下莖

從育苗盆中取出種苗後，按預定好的配置及植株方向種入香草。扶住苗株基部，朝手持方向傾斜，另一手則托住育苗盆底部向上擠壓，取出種苗。將薄荷苗取出後，即可清楚看到纏繞雜亂的地下莖。

8 回填土壤

依相同方法取出其他苗株，並置入盆中。種植時，根系間的空隙要用培養土墇滿。

Point

9 用木片將土搗實

用木片搗實土壤，使土壤間不會產生空隙。作業時需常常注意，不能讓不織布間隔浮起移動。搗實空隙後，用新培養土補足陷落部分，最後將土面壓實鋪平，再用盆底輕敲地面，震實穩定盆土。

10 剪掉高於土面的不織布間隔

定植作業完成後，用剪刀將露出土面的不織布剪掉。如果緊貼著土面剪除，地下莖還是會越過間隔蔓延生長，所以應保留一定高度，大致與花盆高度相當即可。

MEMO

●薄荷的種類●

薄荷大約有30種以上，但因不同種類間容易雜交，所以有些品種很難分辨鑑定。

代表性的品種有綠薄荷、芳香薄荷、胡椒薄荷。除此之外，還有以下幾類：

古龍薄荷：因有類似古龍水的甜美香氣而得此名，通常不用於茶和料理中。

薑薄荷：葉子有黃斑，可用來泡茶飲用。

野薄荷：也稱為日本薄荷，原產於日本。

葡萄柚薄荷：其特徵是大型葉上覆有薄毛，有類似葡萄柚的香味，葉子可拌製沙拉。

馬薄荷：園藝用途的薄荷。有灰綠色的葉子及淺紫色的長穗狀花，株高可長至一公尺。

科西嘉薄荷：葉子較小，植株呈匍匐性。有類似胡椒薄荷的香氣。

完成！

整齊剪除不織布後就完成了。

完成後的整理

定植後，立即充分澆水一次，包括不織布間隔，都需用水澆透。接下來的幾天先放在日光稍陰處，之後再置於日光充分照射的場所培育。如果薄荷的地下莖向外蔓延伸展，可適當剪枝，注意不要讓它侵入其他香草的生長空間。對薄荷和香蜂草而言，摘除頂芽後可促生側芽，姿態外型也會顯得較有整體感。

整理與收穫

對散亂的莖條進行剪枝處理

檸檬香茅、薄荷、香蜂草均屬於生育旺盛的強健香草，定植數月後就會長得很大，根系擴展延伸，外型也因而顯得凌亂。

將恣意伸長的莖剪枝時，檸檬香茅類的香草可從苗株基部切除整理，同時順便收穫使用。

剪枝時，需在靠近節的上方進行。注意剪切時要保留一些葉子，因葉子基部長有新芽時，可使香草盡快恢復元氣。

如果是沒有芽和葉子的莖，在緊鄰節處剪枝，也能使節處再生新芽。

整理作業完成後，需補充盆中土壤不足之處，並鋪平土面。若有必要，可施灑緩效性合成肥料的肥培管理。

2個月後

檸檬香茅的葉數已增加，不論哪株香草的生長均極為良好。培植管理時，隨時可根據不同的使用目的進行收穫。

① 定植4個月後

香茅已長成，出現倒伏現象。另外，薄荷枝條蔓生交纏，枝葉相互覆蓋，通風狀況也變得不好，整體外觀極其凌亂。

4個月後

作業後

對長莖枝條已進行剪枝處理，也整理好植株外觀姿態。因為都是強韌的香草，所以可大膽剪枝，不會有問題。而因澆水流失、陷落的土壤，記得要用新土補足。

② 收穫檸檬香茅

從檸檬香茅苗株基部以上10cm的高度剪下，可順便收穫。

③ 枯葉應從根部剪除

如果有枯葉，應該從葉根部剪除。而薄荷和香蜂草的枯莖也要從根部切剪去除。

薄荷的地下莖若過度生長，可對其進行適度的剪枝整理。剪莖時，要從節的緊鄰上方處切除。

MEMO

●為何要補足土壤●

定植數月後，土層會慢慢地陷落，土表位置也跟著下沈。

這是因澆水時的水土流失、有機物的分解、土與土之間的結塊效應所導致的，土面如果下沈，植株根系將會露出於土表之上，為使根系能確實生長在土壤中，就必須補足培養土。

補土時，注意不要將莖和葉子埋入土中。另外，要盡量選用與定植時相同的土壤種類。

若能補足土壤，可使香草盡快恢復元氣，必要時可倒出根部，於盆底補上。

經過1～2年的生長後。花盆或花槽中的根系會十分發達，土質也會變硬，植株生長空間會受到侷限，此時就要考慮進行換盆的移植作業。

嘗試繁殖香草！

培育方法3──香草的繁殖方法

生育強健的香草品種繁多，繁殖作業也很簡單。若採用扦插法，只需將枝條插入水中或土中，經過2～3日後即可生根。另外，如欲採收種子種植收穫，也能於生長適期進行播種；或使用市售種子繁殖。

1 牢記香草的繁殖方法

初學者也易學的扦插繁殖

繁殖方法分為扦插、播種、分株

如果想多加培育種植中的香草，或得到更多收穫，可採用新株加以繁殖。主要的繁殖方法包括扦插、播種、分株、壓條等數種方法。

根據香草各自的性質，會有其適合與不適合的繁殖方法。而扦插法是大部分香草都能使用，也是比較簡單的方法。

直接扦插於3吋花盆中

所謂扦插，就是用剪刀剪下欲繁殖的香草莖條前端，插入土中或水中使其發根。一般而言，多數香草都能夠立即發根，所以可以1株1盆地插入3吋盆中繁殖，約2～3週後，就會長成能夠種植的新苗了。

如果選用播種的方式繁殖，則是等香草發芽後經過篩選，留下健康的香草，等本葉長齊後，再移植到3～4吋的花盆中，讓香草長至可定植的大小。

香草的繁殖方法

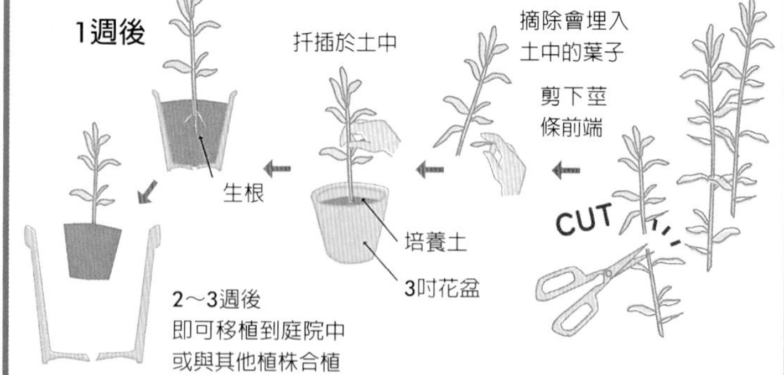
CUT
剪下莖條前端
摘除會埋入土中的葉子
扦插於土中
培養土
3吋花盆
1週後
生根
2～3週後
即可移植到庭院中
或與其他植株合植

2 扦插於水中使其發根

只要將剪下的莖條插於水中，一週即可發根

扦插法就是讓剪下的莖條發根的方法

所謂扦插法，是剪下健康枝條前端約10公分的長度，然後直接插入水中或土中，使其發根的方法。

作業時期最好選在氣溫20度左右的初夏和秋天，因爲此時是大多數香草的種植適期。但如果作業時能保持一定溫度和濕度，其他季節也可以很快就發根。

水中扦插必須每日換水

採用水中扦插（水插），最重要的細節就是必須每日換水。

若不換水，水質一旦腐臭，就算好不容易發根，植株也會馬上腐壞。換水時，杯子等容器的內側也必須仔細清洗。

枝條已插入杯內後應避免太陽直射，只需置於室內日光充足的窗邊即可。

待植株充分生根後，再移到土壤中種植培育。

① 取枝

春秋季時，剪下當季長出的2～3節長或約10～15cm的健康枝條。也就是扦插苗。

② 插入水中

準備杯子或瓶子等容器並裝水，然後放入扦插苗，如果枝條的下位葉會浸入水中，就需摘除基部會浸到的葉子。

1週後

每日換水都需讓根系充分伸展

枝條插入水中數日後即會發根，但必須使植株根系充分發育到可定植的大小。另外，還要每日換水並洗淨容器。

MEMO

能夠扦插繁殖的香草種類：

茴藿香、阿拉伯茉莉、奧勒岡、橄欖、義大利蠟菊、荊芥、大葉假荊芥、豆瓣菜、綿杉菊、鼠尾草、天竺葵、百里香、法國龍蒿、牛膝草、小白菊、馬郁蘭、薄荷、薰衣草、檸檬馬鞭草、香蜂草、玫瑰、迷迭香等香草，都能以扦插方式繁植。

1 準備工具

花盆（5～6吋）、培養土、缽底石、移植鏟（細長型）、鏟子、缽底網。

2 鋪設缽底網

將缽底網鋪在花盆底部，以蓋住盆底孔穴。

3 放入缽底石

放入缽底石時，注意不要讓缽底網滑動。鋪設高度約為盆高的1/5～1/6左右。

4 倒入培養土

將培養土倒在缽底石之上，高度應控制在盆深的8～9分滿左右。

5 在盆土中央挖一個小洞

在盆土中央開孔，孔穴深度大小應適合香草的根系，大約為4公分左右。

6 將生根的苗株植入孔穴

將已發根的香草苗植於孔穴中，種植深度控制在下方的節處附近。注意不要讓扦插苗倒伏，如果莖條下位葉片會被土壤掩蓋，可先摘除部分葉子後再栽種。

7 定植

扶正已發根的香草苗後，周圍用培養土埋好苗株定植。

完成！

待發根苗於土中穩定後，用手輕壓苗株基部以穩固植株，並壓實鋪平土面。作業時注意不要讓根系露出土面，且根苗的葉子切勿讓土壤蓋住。

完成後的整理

定植完成後，應立即充分澆水。澆水的水流太強會使香草倒伏，所以應用噴水孔較細的水壺澆水，注意動作要輕緩。接下來的3～4天裏，可將其放在不受風吹，或陽光直射的稍陰處，注意不要使其乾枯了。待苗株適應新環境後，再置於日光充足的場所培植。之後，只要土壤表面變乾，就可充分澆水。等生出新芽後，盡早進行枝端嫩芽的摘心作業，好讓側芽長出。

3 直接扦插於土中以繁殖新苗

用扦插法進行迷迭香的繁殖

土中扦插（土插）的方法

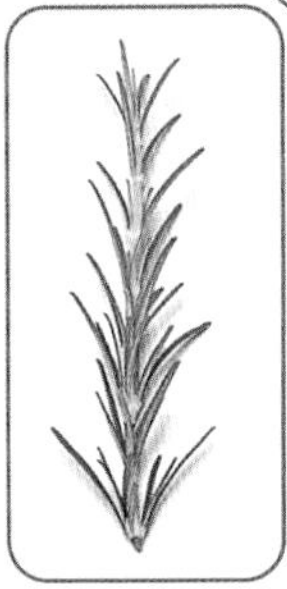

① 準備工具

3吋育苗盆（一般花盆也可以）、培養土、剪刀。

▼

② 剪取枝條做為扦插苗

剪下長約10～15cm的當年度新生枝條。注意應選用沒有病蟲害的健康枝葉。

▼

③ 拔除下面的葉子

取下會被土埋到的部分葉片。選用迷迭香時，大約摘除2～3節的長度，但若是薄荷之類的長節間距離香草，則剪除1節左右的長度即可。

摘除下方葉子，插土繁殖

若不使用水插生根再定植的方法，也可以讓枝條直接扦插於土中發根繁殖。這是最常見、也是草花植物普遍採用的方法。

如果將扦插苗直接植入裝有培養土的3吋盆，數週後即會長成方便收穫利用的香草苗。

土插法與水插法大致相同。選用當年度長約2～3節的新生健康枝條（迷迭香之類葉子密集的香草，則取10～15公分左右的長度）。插土前，先摘除會埋於土中的葉子。

選擇清潔的用土

雖說扦插是非常簡單的方法，但成功的要點是必須於適合的季節進行作業，另外還必須選用清潔的土壤。因使用過一次的舊土，病菌已大量繁殖，是無法使香草順利成長的。

另外，在發根前最好使用塑膠膜覆蓋以保持濕度，如此會讓育苗效果更好。

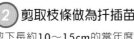

4 將土填入育苗盆

將3吋育苗盆裝土至9分滿。不需放入缽底網和缽底石，直接填土即可。記得要用新的培養土。

5 澆溼盆土

澆水，使盆土均勻濕潤。

6 將扦插苗植入土中

將剪好的扦插苗插進土中。使用迷迭香時，只要預先挖好孔穴，直接插入即可。

7 筆直插進盆土中

將扦插苗輕插入花盆中央，記得要筆直插入，至下位葉不觸及土面的高度為止。

8 置放於日光充足的稍陰處培育

扦插作業完成後的3～4天內，將育苗盆置於陽光不會直接照射之處，注意不要讓土壤變乾燥。之後再移至陽光充足的場所，澆水時切勿過於潮濕。

2週後

作業完成2週後，其根部已長大到可以定植了。只要觀察從育苗盆中取出的根系即可確知。若不取出苗株，也可以輕輕提拉苗株基部來判斷，不需時時拔取根系觀察。若覺得有沉重感時，即表示苗株已發根。

4 用種子培育繁殖

三種播種的方法

選擇春秋時節進行播種

香草也能使用種子繁殖。當香草結籽後，可摘下並乾燥保存，等到適宜播種的季節到來時，就進行播種作業，而種子也可到園藝賣場購買。

播種適期一般是春、秋之際。但不同種類香草的播種期，也會有所差異，所以應先確認清楚再播種。

所謂播種，並非只是把種子丟進土裡，種子就會發芽生長，它還必須要有適宜的溫度和濕度。注意不要在太寒冷的時期播種，因為某些不耐嚴冬的植物，會因溫度太低而生長不良。

3種播種方法

播種的方法主要有3種。不論哪種方法，都要注意勿讓種子重疊。當種子發芽後，進行疏苗處理，再移到3吋育苗盆中培育。

因某些香草較不適合移植，所以可選用3吋花盆或育苗專用容器。平均一盆播下2～3顆種子，發芽後只留下一棵較健康的苗株，等本葉長齊後，再以完整的根系土團進行定植作業。

播種的方法

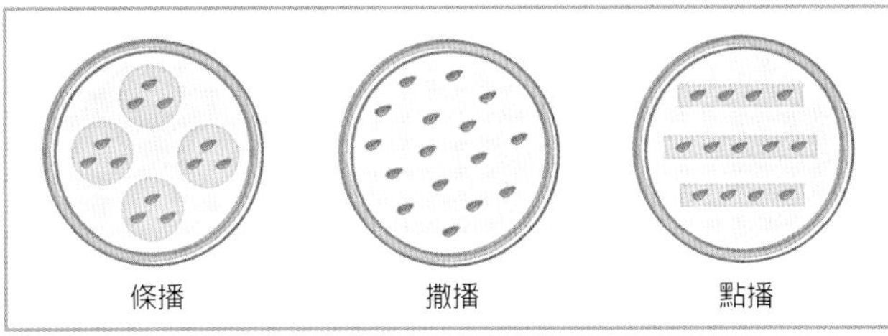

5 準備播種的苗床

選用寬大口徑的花盆即可

使用大口徑但較淺的花盆

所謂「苗床」，指的就是播種的場所。若以花盆進行栽培，原本應選用育苗箱播種，但一般家庭只需用大口徑且深度淺的花盆即可，記得要用新的培養土。

1 鋪設缽底網

選用直徑約20cm的淺底花盆，於盆底鋪設缽底網。如果花盆底部已有網眼，就不需放入缽底網，也不用置入缽底石。

2 倒入培養土

將土倒入花盆中。若選用新的培養土，不灑肥料也可以。選用小粒紅土2份、泥炭1份、砂子1份後，自己拌勻即可。

3 倒入約花盆8分滿的培養土

6 牢記條播的基本方法

挖溝後再進行播種

播種後要標記名稱

條播指的就是用木片在苗床劃出淺溝，然後播下種子的繁殖方法。

作業時，注意不要讓種子重疊，要盡量均勻播撒。播種後再用極薄的土層覆蓋，覆土如果太厚，會不利於種子發芽。不放心時，可用手輕壓種子讓其稍陷於土中即可。

準備可儲水的淺盆，將播種花盆置於其上，使花盆能從底部吸水，再用濕報紙覆蓋花盆表面。為避免報紙飛走，可用迴紋針或夾子固定。

另外，為了能清楚辨識每一種植物，可於小卡片上標註香草名稱與播種日期。

1 準備工具

花盆、淺盆、缽底網、培養土、鑷子、木片、硬紙片和報紙。

2 用木片劃出溝渠

用木片在裝有培養土的苗床中劃出淺溝，深度約為5～10mm。

3 作成3條淺溝

直徑為20cm的花盆大概可劃開3條溝。

MEMO

●使用硬紙片播種的香草●

如果種子極為細小，還是使用硬紙片來播種較好。

適用的香草種類：茴藿香、奧勒岡、貓薄荷、香堇菜、百里香、細香蔥、牛膝草、小白菊、佛手柑、馬郁蘭、金盞花、薄荷、薰衣草、芝麻菜、檸檬馬鞭草、香蜂草等等。

4 將種子盛在硬紙片上

將硬紙片對折，把種子（胡椒薄荷）倒入。

5 播種

將對折硬紙片的折痕對準苗床溝槽，並輕敲紙片，使種子落入溝槽中。注意施撒要平均，種子不要重疊在一起。不覆土的話較能避免失敗；但若用土覆蓋，記得土層要極薄。

6 將水倒入淺盆中

準備已盛水的淺盆備用。

7 將花盆置於淺盆上

將播種後的花盆，放在淺盆中。

▼

8 讓底部能夠吸水

使土壤可從盆底吸水，直到最上部潤濕為止。

9 濕土的狀態

讓盆土徹底溼透到土壤表面，覆蓋報紙之前，記得放上標明香草名稱和播種日期的標籤。

▼

10 覆蓋報紙

選擇比花盆略大的濕報紙覆蓋，只用一張即可，不需要2～3張重疊覆蓋。不同的香草種類對覆蓋厚度要求不同，如果覆蓋過厚，某些香草會難以發芽。覆蓋報紙是為了保持生長環境濕度。

▼

11 播種作業的整理

不要讓報紙吹落，可用迴紋針或夾子固定。

播種後的管理

播種後直至發芽前，應將花盆置於日光不直射的背風處培育，記得要讓報紙經常保持濕潤。種子一旦發芽，就可以拿掉報紙，移往陽光充足的場所栽植。

7 採用點播法和撒播法進行播種作業

重點在於不讓種子上下重疊

撒播時必須全體平均播下

除了條播法外，還有點播和撒播兩種播種方法。

所謂撒播，就是將種子均勻施撒於苗床中，當種子發芽後，先進行疏苗處理再培育。至幼苗長到一定大小時，即可移植到育苗盆。除使用中型種子播種外，小顆種子也可以。

點播是在每處平均施撒2～3粒種子的播種法。種子發芽後每處只留一株，再視幼苗生長狀況進行疏苗處理。待本葉長出後，就能進行移植作業。而此種播種方法多採用中、大顆種子。

相同

1 準備工具

花盆、淺盆、培養土、缽底網、鑷子、硬紙片、報紙。

相同

2 準備苗床

將培養土填入花盆中，依84頁的要領來準備苗床。

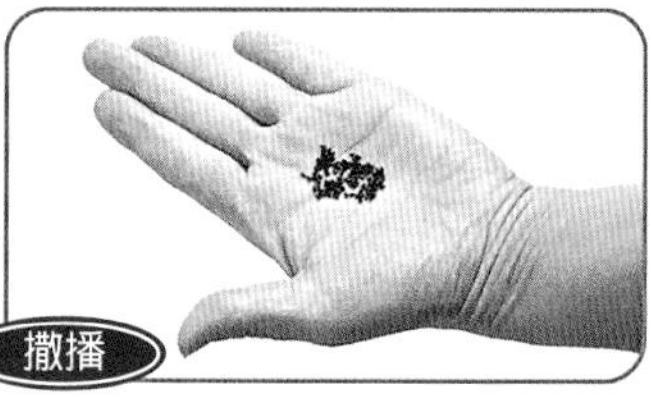

撒播

3 準備種子

將播種的種子置於掌心（照片中為香羅勒的種子）如果是中粒的種子，可不使用硬紙片，用手播種即可。

撒播

4 撒播種子

用姆指、食指、中指進行撒播。

MEMO

●可用手播種的香草●

只要是中等顆粒大小的種子，就能直接用手播種，不藉助硬紙片也沒關係。

適用的香草種類：

芫荽
鼠尾草
細香蔥
羅勒
琉璃苣
藥蜀葵
迷迭香

撒播

5 全體平均播種

注意不要讓種子上下重疊，需全體都能平均施撒。

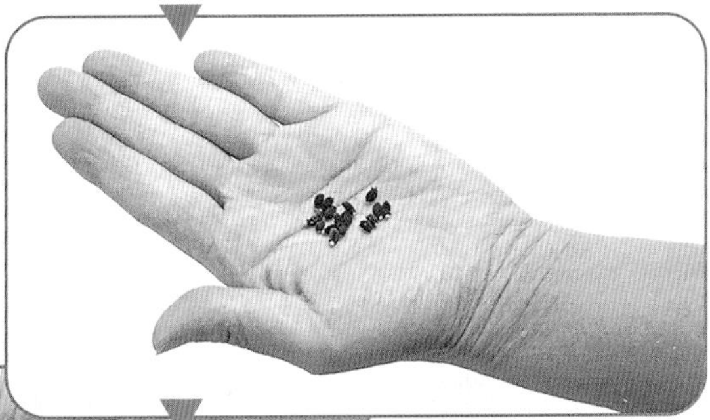

點播

6 準備種子

將欲播種的種子置於掌心（照片中為琉璃苣的種子）。

點播

7 每一處播下2～3粒

把種子放在手中，每一處播種2～3粒，注意不要讓種子重疊在一起。

點播

8 平均約播種於五處

若選用直徑為20cm左右的花盆，則可採用5處播種，並盡量使散佈點平均分布。

相同

9 準備盛水淺盆

水量以剛好淹過盆底即可。

相同

10 將花盆置入

將已播種後的花盆放在淺盆上。

相同

11 讓花盆底部吸水

採用土壤可從盆底吸水的底面吸水法。因為若採用一般的給水法，種子容易流失或深埋入土中。

相同

12 覆蓋已潮濕的報紙

確認盆中土壤已完全潤濕後，再蓋上濕報紙，記得要先放入寫有香草名稱和播種日期的標籤。

相同

13 置於日光充足的稍陰處管理

作業完成後，置放於日光不直射之處培植，隨後的管理工作則與條播相同。（參照87頁）。

8 以大顆種子進行播種

用金蓮花種子一顆顆地埋植

不移植的培育方法

在各種香草中，有些品種並不適合移植，其中最具代表性的就是像歐芹這類繖形科的香草。

如果想栽種這類香草，或是沒有把握自己的移植作業能成功，就可使用大型種子播種，直接於定植位置撒下點播。若選用3吋花盆，可在盆中央施放1～3粒的種子播種，等種子發芽後僅留下1株即可。

因爲我們將會以這個育苗盆直接培育花苗，所以我們可在盆底預先放置缽底石。

1 準備工具

花盆（5～6吋）、淺盆、缽底網、缽底石、培養土、鏟子、木片。

2 鋪設缽底網

在盆底鋪上缽底網。如果盆底已有網眼就不需要。

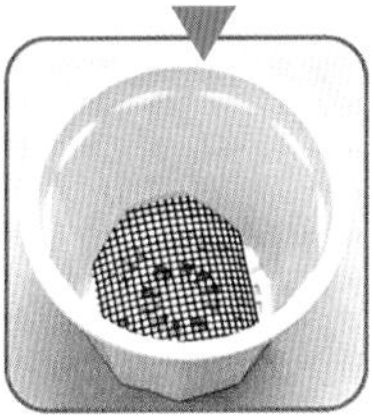

3 放入缽底石

因為用花盆直接培育花苗，所以先置放缽底石。

4 放好缽底石

缽底石的放置量以約為盆深1/5～1/6宜。

MEMO

可採用相同播種法的香草

大粒型的香草種子與根系會直立伸長的香草種類都能採用直接播種法。

適用的香草種類：

- 義大利歐芹
- 蔦樓子
- 聚合草
- 小地榆
- 紫蘇
- 湯芹
- 細葉芹
- 蒔蘿
- 歐芹
- 茴香
- 琉璃苣

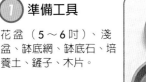

⑤ 倒入培養土

將培養土倒在缽底石之上，培養土則使用未加肥料的清潔土壤。

⑥ 填土至8分滿

盆內填入8～9分滿的土壤。因苗株會直接生長於盆內，所以不要裝到全滿，而是留有足夠的容水空間。

⑦ 挖出種子用孔穴

用木片或棒子挖出播種用孔穴，深度約為1cm。如果種子體積不大，可採用與點播同樣的方法，不挖孔而直接播入土中。

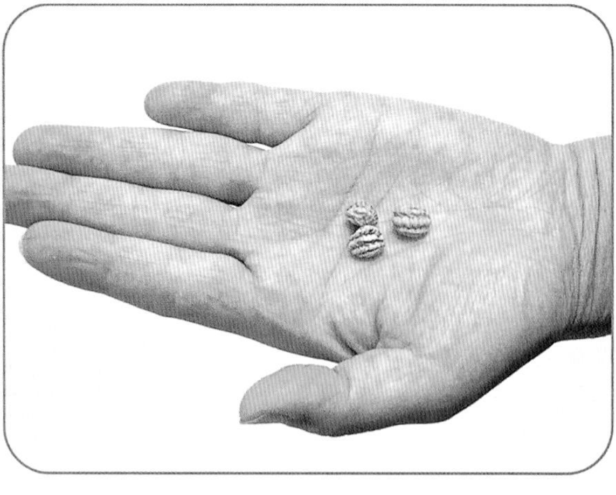

⑧ 準備種子

把播種用的種子放在手中。可見到金蓮花種子相當大。

9 播種

在每個孔穴中放入一粒種子，種子上可覆蓋約5mm厚的土層，注意不要埋得過厚。

10 播入種子

播下三粒種子。

11 覆土作業

用周圍的土壤稍稍蓋住種子，注意土層不要覆蓋過厚，才不會讓種子難以發芽 。

12 置於日光不直射之處管理

覆土後就可澆水。可把水加在淺盆中，使盆土從底部吸取水分。因種子是埋在土中，所以也能夠用水勢較弱的蓮蓬嘴灑水壺。注意要澆透至盆底流出水為止，再移至日光不直射的明亮處。

播種後的管理

種子發芽前，需注意土壤有足夠水分。快的話，2～3天後就能發芽。發芽後即移至陽光充足的地方栽植。之後，土壤表面若變乾，就要充分澆水一次。金蓮花發芽後的雙葉很結實，雖然葉片較小卻有獨特的挺立之姿。

9 發芽整齊後，要進行疏苗處理

留下健康苗株，注意不要讓葉片碰觸相疊

疏苗作業非常重要

無論是條播、撒播或者是點播，待種子全部發芽後，均須進行疏苗作業。

疏苗處理就是拔取部分苗株，並間隔出可讓留存苗株，充分生長發育的適當空間，是栽植時的非常重要的程序。

注意勿將種子重疊播下，因爲這會使疏苗作業時，常不慎將欲留存的苗一併拔除。

疏苗時，要拔除形態不佳或莖條較爲軟弱的苗株，只保留形狀完整的健康幼苗。疏苗時，需保持適當距離，讓苗株葉片不相互碰觸或重疊。

1 羅勒幼苗

撒播後已發芽的羅勒苗。各苗株的生長會有很大差異。若不疏苗，則每株苗的發育都會不好。

2 間拔虛弱苗株

虛弱的苗株、發育不佳的苗、太小的苗均應拔除。用手握住苗株基部，向上提拉就輕鬆拔除了。

作業後

疏苗時，注意不要讓苗株間的莖葉相互碰觸重疊。

MEMO

● 培育疏苗拔下的苗株 ●

為讓嫩苗有充分的生育空間，有可能必須拔掉生長良好的健康苗株，不過還是可將這些健康苗株移種到3吋花盆裡。將培養土倒入3吋盆，在盆中央先開好孔穴，將拔除的苗株植入，再用周圍的土覆蓋壓實植株基部。接著需充分澆水，並放在日光不直射的明亮處培植，等根系發育較為完整後，再移至向陽處栽植。

10 苗株長大後移植到花盆中

當本葉長齊後，移植到3～4吋花盆

周圍土壤同時移植

待已發芽的苗株本葉長出約2～3片時，可以1株1盆的方法進行移植。這就是所謂的移植作業。

移植作業的要點，是掘起苗株周圍大片土壤，用整個土團一起移植。如果把土團完全甩掉，會傷及苗株根系，這一點需特別注意。

完成後，須在土表數處施撒緩效性化學肥料，進行施肥作業。

1 準備工具

花盆（3～4吋）、培養土、缽底石、缽底網、移植用鏟子（細長型）、鏟子。

2 鋪設缽底網

在盆底鋪上缽底網，已蓋住盆底孔穴，若盆底孔穴較小時，不鋪也沒關係。

3 放入缽底石

選用4吋以上的花盆時，可直接培育苗株，也能先放置缽底石。但若是3吋盆，則不需置入缽底石。

4 缽底石置入後

放入約為盆深1/5～1/6的缽底石。

5 倒入培養土

在缽底石上倒入培養土。

6 培養土裝至約八分滿

填裝培養土至花盆7～8分滿。

7 可移植的新芽

當本葉長出2枚，大小已能進行移植的羅勒苗。

▼

8 在中央挖出種植孔穴

先於培養土中央挖出種植孔穴，記得要根據苗株大小挖出大小、深度均適合的孔穴。

9 掘起苗株

在距離欲移植苗株根部2～3cm的位置，以移植用鏟子垂直插入取苗。

▼

10 挖起完整土團

輕壓羅勒苗根部附近土壤，再將苗取出，注意不要將土團弄散。

11 放入移植穴中

移植時勿弄散根系土團，要用鑷子和手托住，再整個移至植穴處放入。

12 將苗株垂直放

將苗株放入，根系土團
置於植穴的中央位置，
意不要讓苗株傾斜倒伏

13 覆土

用周圍土壤覆土以定
植株。

14 穩定苗株

用手輕壓住苗株基部，以固定苗株。

15 施肥

定植完成後，可施撒緩效性化學肥料。用4個中等大小的肥料顆粒即可。撒在離苗稍遠的盆邊位置。

完成！

完成移植作業後，應充分澆水一次，注意不要讓苗株倒伏。而剛掘起苗株的育苗盆，也要用培養土鋪平土面。

移植作業後的管理

移植後的花盆應放在日光不直射的明亮處管理。強烈日照會使苗株枯萎，所以不可讓陽光直接照射苗株。盆土表面變乾後就需充分澆水。若進行摘心處理，可促進苗株分枝形成。

11 用花盆種植球根植物

將番紅花球根種在4吋盆中

用球根2.5倍高度的土壤覆蓋

若使用球根種植香草，球根的定植深度與方向是非常重要的。

當定植於花盆中時，盡可能選用較深的花盆，才能使覆土能有球根2.5倍高的厚度。若栽植於庭園中，種植時也一樣需深挖孔穴後再種植。

另外，因球根有上下之分，一定要確認生長方向後再種植。

1 準備工具

花盆（4～5吋）、培養土、缽底石、缽底網、鏟子、淺盆（只限於底面吸水時使用）。

2 鋪上缽底網

鋪設缽底網是為了防止土分從底穴流失或害蟲侵入。

3 置入缽底石

放置缽底石可使排水良好。

4 放置約花盆1/6高的缽底石

缽底石應加到盆高的1/5—1/6處為宜，由於球根需置於較深的位置，所以不要放入太多的缽底石。

5 倒入培養土

需使用未曾加入肥料的培養土。

定植後的管理

定植後，即使放在陽光下也無所謂，也可以放在日光充足的地方靜等發芽。當盆土表面一變乾，就應立即充分澆水，苗株發芽前注意不要讓盆土完全乾燥。約一、二週後就會發芽，發芽後應置於陽光充足的處所，一個月施放一次緩效性肥料或液體肥料。

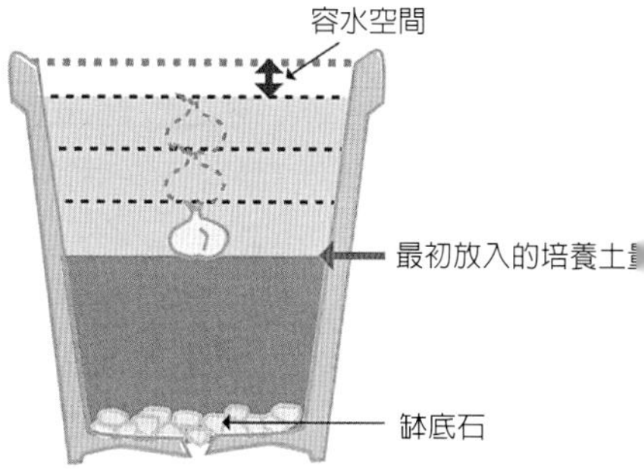

6 球根高度的2.5倍+容水空間

因覆土量約為球根高度的2.5倍厚，所以花盆應留有3個球根高及容水的空間後，就是最初加入的培養土量。

7 番紅花的球根

球根凸起的部分應朝上，而將平坦面朝下種植，種植適期為每年的10月前後。

8 放置球根

將球根放在花盆中央，注意球根上下方向不要弄錯。

9 覆蓋培養土

在球根上面蓋上培養土。

10 加入球根高度2.5倍的土量

要預留1.5～2cm左右的容水空間。開始加土後，應該輕敲花盆側面，以使浮土密實。

11 澆水

定植作業完成後要澆水，從底面吸水也可以，但由於不需擔心種球流失，所以可用蓮蓬式澆水壺，徹底澆透一次，直至盆底流出水為止。

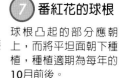

花草的歷史

東洋篇

「茶」連結了發展香草的歐洲文化與東洋文化，讓我們對東方香草文化之一的「茶」，進行歷史的巡禮

◆於15世紀的大航海時代流傳至歐洲

◆西元前3000年，人們將茶樹做為藥材使用

茶樹的發現

根據神話與傳說所流傳下來的記載，茶樹是在西元前三千年被神農氏發現並加以利用的。但在此之前，人們似乎就已有啃嚼茶葉的習慣。所謂茶樹，是特指原生於中國雲南的山茶科常綠樹木。

在西元前五十九年的中國宣帝時代史籍中，也可看到茶葉的記載資料，是迄今現存的最古老茶葉記錄。西元七百六十年，陸羽寫下共3卷的《茶經》一書，至今仍是茶葉的聖典之作。

在日本的普及

在日本的普及根據日本最古老的記錄可發現，聖武天皇曾在宮中用茶葉招待百僧。之後的天平時代，行基高僧則是遍植茶樹於諸國。後因派至中國的遣唐使之故，茶葉也隨之傳到日本，但因遣唐使的廢止，使得日本進口茶葉的途徑因而阻斷。宋朝時，榮西高僧從中國帶回了茶樹與抹茶的飲茶方法，後來也寫下《飲茶養生記》一書，書中記有茶名、功效、飲茶法等內容。到了豐臣秀吉的時代，則是真正確立了茶葉文化。

中國茶傳向歐洲

葡萄牙人於十四世紀來到中國後，才與茶葉有了首次接觸。十五世紀初，荷蘭商船開始將茶運往歐洲，從此中國茶葉大量向歐洲出口。

而銷往歐洲的茶葉，因葡萄牙凱薩琳公主與英國查爾斯二世的聯姻而傳入英國，並於當地急速普及擴展。由於英國人對茶葉的愛好，使得茶葉大量進口，導致英國對中國鉅額入超，而爆發財政危機，最後終於引發了鴉片戰爭，和美國獨立運動導火線的波士頓茶會事件等重要歷史大事。

培育・使用・觀賞

香草圖鑑目錄

後篇

後半部分所介紹的香草，可運用於料理、茶飲、香草花包等方面。不但極為容易培育，還能組合種植在庭院或陽臺中，讓我們輕鬆享受自然的香草姿態吧！

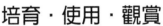

金蓮花

利用法
料理
園藝
飲茶（活力）

【科　名】金蓮花科
【類　別】一年草本植物
【英　名】*Garden nasturtium*
【株　高】30cm、400cm（匍匐性）

■特徵・培育方法

注意極冷、極熱的氣候

只要陽光充足、排水佳，不需特別選用土質即可栽植。如果能將種子浸泡一晚後再播種，種子發芽的情況會比較好。

因爲不耐極冷或極熱的氣候，所以夏季時應避免讓香草過乾，也不要讓陽光直接照射，應該置於日光不直射的明亮處栽植。

金蓮花的莖株較脆弱，若有枯萎的情形，只要進行剪枝作業，就能再長出葉子和花朵。冬季時，注意不要讓香草受到霜害。

■利用法　利用部分　葉　花　種

色彩鮮豔的花也能食用

金蓮花的葉片和花朵具有鮮美的辣味，可作成三明治或沙拉享用。金蓮花富含維生素C和鐵質，還有強身的作用。

月		1	2	3	4	5	6	7	8	9	10	11	12
收穫	莖·葉	■	■	■	■							■	■
	花	■	■	■									■
	種子		■	■	■	■							
花期		■	■	■									■
播種				■	■					■	■		
分株、扦插													
病蟲害													

土壤	肥沃	**普通**	貧瘠
澆水	多濕	**普通**	偏乾
陽光	**全日照**	半日照	斜日照
溫度	耐寒	半耐寒	**不耐寒**

【種子】
金蓮花的種子較大。

【花】
花可食用，還能用來裝飾沙拉。

【苗】
育苗期為每年的3～4月、9～10月。

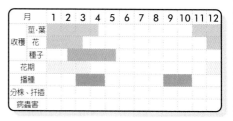

■特徵・培育方法

注意防範乾燥

歐芹又稱爲洋芫荽，是西式料理中經常使用的蔬菜，比起義大利歐芹來說，香味較弱且體形長一些。此種香草喜好日照，適合在排水佳、有機質含量豐富的土壤中生長。對於高溫和乾燥較爲敏感，夏季高溫時葉子會變黃，這一點必須要特別注意。

■利用法　利用部分　葉　莖　根

可廣泛應用於料理

葉子中富含維他命C和鐵，可用於裝飾料理、拌製沙拉和點綴湯品。

歐芹

利用法：料理　園藝　飲茶　浴用

【科　名】繖形科
【類　別】二年草本植物
【英　名】*Parsley*
【株　高】30cm～100cm

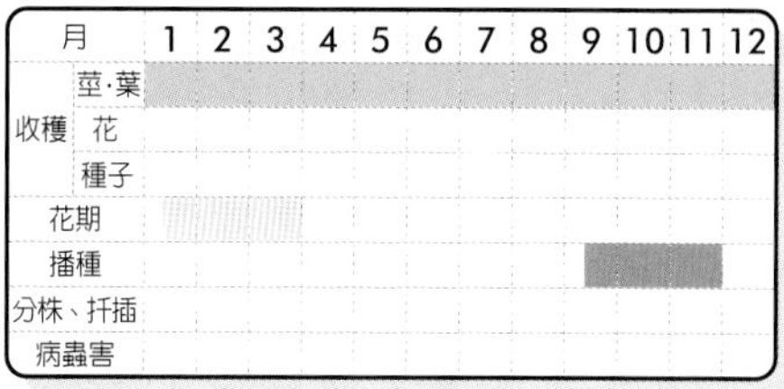

土壤	肥沃	普通	貧瘠
澆水	多濕	普通	偏乾
陽光	全日照	半日照	斜日照
溫度	耐寒	半耐寒	不耐寒

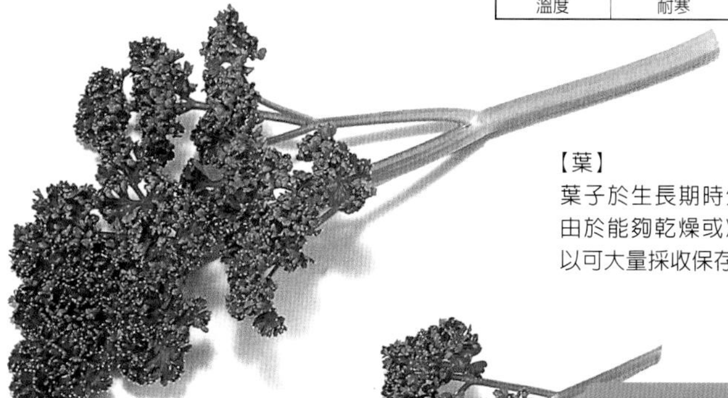

【葉】
葉子於生長期時生長會很快，由於能夠乾燥或冷凍保存，所以可大量採收保存。

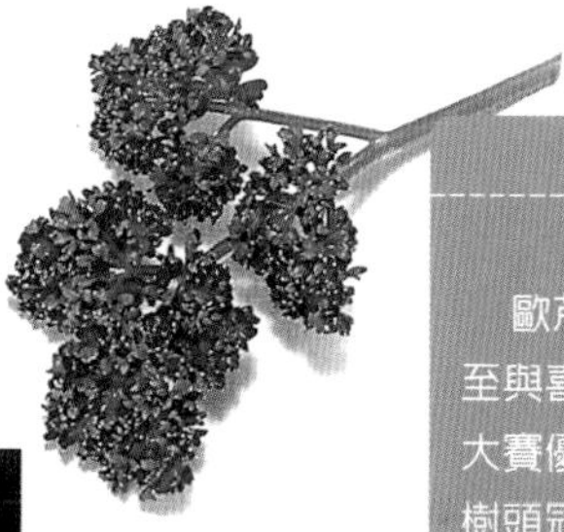

【苗】
育苗期為每年的9～11月。

MEMO

●歐芹王冠●

歐芹自古以來就是希臘人推崇備至與喜愛的香草。相傳當時的競技大賽優勝者，所得到的並不是月桂樹頭冠，而是歐芹製成的頭冠。據說這種香草是在希臘英雄Archemorus的葬身之地發現的，也被當作是死亡的徽章。當時不僅希臘人喜愛食用歐芹，連羅馬人也是愛好歐芹的民族之一。

■特徵・培育方法

偏好營養豐富的土壤

這種香草極為耐熱，被廣泛應用於各式料理中。在世界各地都是很受歡迎的香草品種。

應栽植於日照充足、排水良好的營養土壤中。發芽及生長的適溫都需在13℃以上。播種時， 一定要在適當溫度下才能進行。

植株會在盛夏時發育茂盛，導致枝葉相互重疊而變得悶熱、不通風，所以要常修剪，順便收穫葉子利用。盡早採摘花穗，就能長期享受收穫的樂趣。

■利用法 利用部分

料理的運用範圍極廣

以義大利料理為主，常被用來為各式料理增添芳香氣味。若將葉子浸泡於橄欖油或西式酒醋中，會散發特殊香氣。

羅勒

【科　名】唇形科
【類　別】一年草本植物
【英　名】*Basil*
【株　高】50cm～80cm

利用法

月		1	2	3	4	5	6	7	8	9	10	11	12
收穫	莖·葉	■	■	■	■	■	■	■	■	■	■	■	■
	花												
	種子				■	■	■						
花期		■	■	■	■	■							
播種						■	■	■	■				
分株、扦插													
病蟲害													

土壤	**肥沃**	普通	貧瘠
澆水	**多濕**	**普通**	偏乾
陽光	**全日照**	半日照	斜日照
溫度	耐寒	半耐寒	**不耐寒**

香羅勒 *Sweet basil*

株高50cm～80cm。葉子上有明顯凹凸狀，是羅勒家族中最常應用的一種。開白花，帶有濃郁的甜甜香氣。

【莖和葉】
可加入沙拉或義大利麵中，不論是新鮮或乾燥的葉子效果都很好。放入油和醋中還能增添風味。

【苗】
育苗期為每年的5～8月。

【莖和葉】
用於觀賞。

【苗】
育苗期為每年的5～8月。

紫葉羅勒 *Dark opal basil*

株高50cm～70cm。最明顯的特徵是其深紫色葉子與粉紅色花朵。若將葉片浸入香酒醋和油中，會變成美麗的酒紅色。

檸檬羅勒 *Lemon basil*

株高30cm～50cm。葉子為鮮綠色，特徵在於背面長有細毛。開白色小花，還會有很像檸檬的柑橘類香味。

【苗】
育苗期為每年的5～8月。

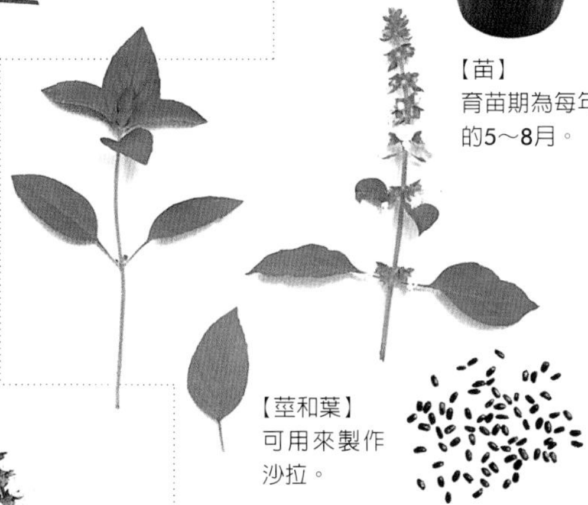

【莖和葉】
可用來製作沙拉。

【苗】
育苗期為每年的5～8月。

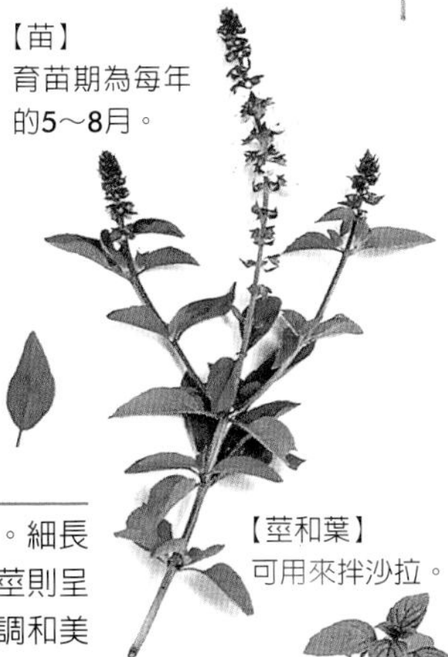

【莖和葉】
可用來拌沙拉。

肉桂羅勒 *Cinnamon basil*

株高40cm～60cm。細長形的葉子為綠色，莖則呈淡紫色，整體色彩調和美麗，略帶些微的甜香味。

【苗】
育苗期為每年的5～8月。

【莖和葉】
供觀賞用。

非洲藍羅勒 *African blue basil*

株高50cm～70cm，葉子為綠色，但莖與葉脈為淡紫色，會開粉紅色小花。因為是多年生植物，所以是很受歡迎的觀賞用植物。

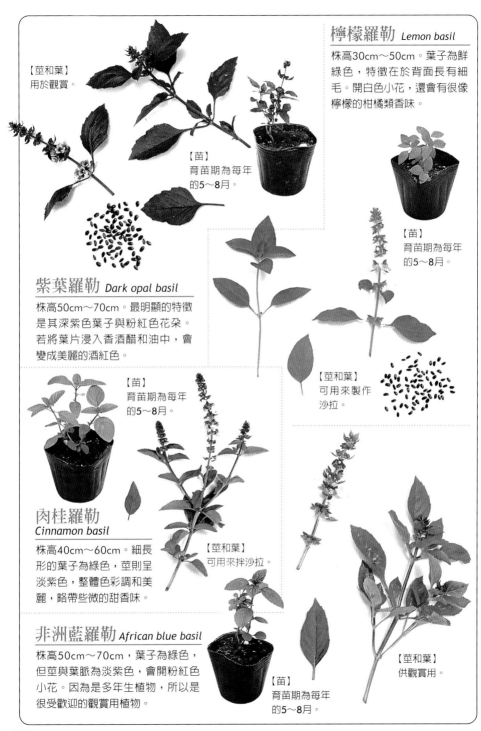

■特徵・培育方法

喜好鹼性土壤

牛膝草又稱爲神香草，帶有濃郁香氣，曾記載在聖經中，被當作是聖草。喜好於日照充分處生長，較適合種在排水良好的鹼性偏乾土壤中。此種香草雖耐乾燥、喜冷涼，但非常不耐潮濕。梅雨季節一到，根部就很容易腐爛，所以定植時需先隔開苗株間的距離，使其能有充足日照及通風良好的環境。

■利用法　利用部分　葉　花

讓利口酒更添風味

花和葉子可用來使沙拉、湯品、豆類料理更添美味；製成香草茶飲用，可幫助胃腸蠕動。

牛膝草

利用法

【科　名】唇形科
【類　別】半常綠灌木
【英　名】*Hyssop*
【株　高】50cm～100cm

料理
園藝
飲茶（活力）
浴用
香花包

月	1	2	3	4	5	6	7	8	9	10	11	12
收穫 莖・葉	■	■	■									■
收穫 花		■	■	■								
收穫 種子				■	■							
花期			■	■								
播種									■	■		
分株、扦插												
病蟲害												

土壤	肥沃	**普通**	貧瘠
澆水	多濕	**普通**	**偏乾**
陽光	**全日照**	半日照	斜日照
溫度	**耐寒**	半耐寒	不耐寒

【花】
簇生的花朵在花季時，會呈現一片美麗燦爛的花海。

【葉】
可作成香草茶及利口酒。還能製成藥布，自古對跌打損傷就很有療效。

【苗】
育苗期為每年的9～10月。

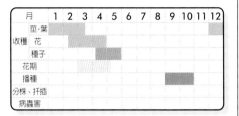

■特徵・培育方法

栽植時需保持乾燥

它所開的白色小菊花，嬌小令人憐愛。喜歡生長於日照充足的地方，適合種在排水良好的稍乾土壤中。

因不耐高溫及潮濕，所以定植時需間隔苗株後種植，以使株間空氣通暢。開花後再進行收穫。葉和莖可全部剪除後進行乾燥保存。

■利用法　利用部分　葉　花　莖

是園藝常見的香草種類，也能作成香花包或增添酒類及料理的風味。但過度使用會使身體不適，所以不可直接食用生葉。另外，要特別注意孕婦及產婦也不適合使用。

小白菊

利用法

【科　名】菊科
【類　別】多年草本植物
【英　名】*Feverfew*
【株　高】30cm～50cm

園藝
浴用
香花包（防蟲）

月		1	2	3	4	5	6	7	8	9	10	11	12
收穫	莖・葉												
	花	■	■	■	■	■	■						
	種子				■	■	■	■					
花期		■	■	■	■	■	■	■					■
播種			■	■						■	■		
分株、扦插													
病蟲害													

土壤	肥沃	**普通**	貧瘠
澆水	多濕	**普通**	**偏乾**
陽光	**全日照**	半日照	斜日照
溫度	**耐寒**	半耐寒	不耐寒

【莖和葉】
其浸漬液對治療偏頭痛、鎮靜、消炎等效果很好。

【花】
有防蟲效果，所以可與其他植物一同混種在花壇中。

【葉】
香花包具有除蟲的效果。

■特徵・培育方法

避免與蒔蘿混種

喜好生長於陽光充足的地方，適合排水良好的土質及涼爽乾燥的氣候。

因不喜移植，所以最好直接用種子播種在適當場所並予以定植。栽培方法很簡單，只要採用自然掉落的種子就能健康生長。

莖葉爲銅色的青銅茴香，是和甜茴香很相近的品種，還有莖部可食用的佛羅倫斯茴香。因容易與芫荽、蒔蘿雜交，所以記得栽植時不要靠得太近。

茴香

利用法

【科　名】繖形科
【類　別】一、二年草本植物
【英　名】*Sweet fennel*
【株　高】100cm～200cm

料理
園藝
飲茶（美容）
浴用
香花包

月		1	2	3	4	5	6	7	8	9	10	11	12
收穫	莖·葉	■	■	■								■	■
	花			■	■								
	種子												
花期				■	■	■							
播種											■	■	■
分株、扦插													
病蟲害													

■利用法　利用部分

葉　花　莖　種

最適合增添料理風味

莖、葉能使料理更添風味，葉和花則可用來裝飾沙拉、湯品。另外，葉和種子可作爲浴用香草使用。

土壤	**肥沃**	普通	貧瘠
澆水	多濕	普通	**偏乾**
陽光	**全日照**	半日照	斜日照
溫度	**耐寒**	半耐寒	不耐寒

【花】
可用來拌沙拉或點綴湯品。

【葉】
常用來製作沙拉和湯品，所製成的香草茶有利尿效果。莖葉除可增加料理香味外，還能作成泡澡用的香花包。

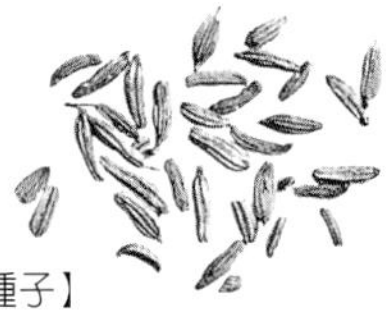

【種子】
可利用種子沖泡香草茶或作成香料。另外，裝入小袋置於浴缸中泡澡還會有美容效果。

【苗】
育苗期為每年的10～12月。

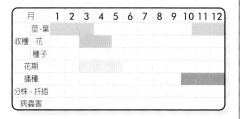

■特徵及培育方法

注意不要太乾燥

佛手柑是一種耐寒且生長強健的香草。園藝類的品種很多，擁有繽紛多姿的各色花朵。

所需要的養分很多，所以定植前要於栽植處先進行施放混合基肥的作業。在日光充足或陽光不直射的明亮處都能栽植良好。

佛手柑並不耐乾燥，比較適合於稍微潮濕的環境下生存，注意不要讓植土過乾，一發現水分不足，就要充分澆水。

夏季時應避免陽光直射，也要注意保持良好的通風環境。

佛手柑

利用法

料理
園藝
飲茶（放鬆）
香花包（放鬆）

【科　名】芸香科
【類　別】多年草本植物
【英　名】*Bergamot*
【株　高】60cm～120cm

月		1	2	3	4	5	6	7	8	9	10	11	12
收穫	莖·葉	■	■	■	■	■							■
	花			■	■	■	■						
	種子	■	■										■
花期				■	■								
播種										■	■	■	
分株、扦插											■	■	
病蟲害													

土壤	肥沃	普通	貧瘠
澆水	多濕	普通	偏乾
陽光	全日照	半日照	斜日照
溫度	耐寒	半耐寒	不耐寒

■利用法

利用部分　葉　花

活用辛香辣味

佛手柑的嫩葉和花都有辣呼呼的味道，可少量用在沙拉和肉類料理中增加風味，另外也適合用來插花和製作乾燥花。

【花】
常當作沙拉、肉類料理的香料使用，另外也能用來插花和製作乾燥花。

【葉】
可加入少量嫩葉增添料理風味。

【苗】
育苗期為每年的9～11月。

■特徵・培育方法

為啤酒添加苦香味

啤酒花又稱為蛇麻草，野生品種可順著其他植物伸長至8公尺以上。若栽植於一般家庭的庭園中，就需使用立柱和鐵絲引枝，不要讓它纏繞覆蓋其他植物。啤酒花是特別耐寒的植物，喜歡涼爽、陰冷的氣候。在陽光充足及陽光不直射的明亮處均可生長良好，較適宜種植在排水佳且濕潤的土壤中。

■利用法　利用部分　葉　花　莖

具有鎮靜及促進消化的效果

屬匍匐性的下垂植物，將果實狀的花乾燥後，可製成香花包和香草茶。

啤酒花

【科　名】大麻科
【類　別】多年草本植物
【英　名】*Hops*
【株　高】6m～8m

利用法

料理
園藝
飲茶（放鬆）
浴用
香花包

月		1	2	3	4	5	6	7	8	9	10	11	12
收穫	莖·葉												
	花												
	種子												
花期													
播種													
分株、扦插													
病蟲害													

土壤	肥沃	普通	貧瘠
澆水	多濕	普通	偏乾
陽光	全日照	半日照	斜日照
溫度	耐寒	半耐寒	不耐寒

【花】
具有安眠作用，可做成香花包置於枕邊。

【莖和葉】
可食用或當作染料。

【苗】
育苗期為每年的10～11月。

MEMO

●用初夏開的雌花釀造啤酒●

蛇麻草的植株可分為雌、雄兩種，一般栽植及釀造啤酒所使用的是會開雌花的雌株。而釀啤酒時會特別使用初夏開的雌花，其花苞具有毬果狀的果形。很少使用雄株。繁殖時也是雌株分株後再扦插，使其蔓延生長。

琉璃苣

利用法

【科　名】紫草科
【類　別】一年草本植物
【英　名】*Borage*
【株　高】90cm～100cm

料理
園藝
飲茶（放鬆）
浴用
香花包

月	1	2	3	4	5	6	7	8	9	10	11	12
收穫 莖·葉	■	■	■	■	■						■	■
收穫 花	■	■	■	■	■							
收穫 種子			■	■	■							
花期		■	■	■	■							
播種	■	■	■						■	■	■	■
分株、扦插												
病蟲害												

土壤	肥沃	**普通**	貧瘠
澆水	多濕	**普通**	**偏乾**
陽光	**全日照**	半日照	斜日照
溫度	**耐寒**	半耐寒	不耐寒

■特徵・培育方法

注意不可太過潮濕

琉璃苣的青色星形花朵看起來非常纖弱可愛，原本是野生於南歐乾燥荒地的香草。

喜好於陽光充足的場所生長，適合種在排水良好的乾燥土壤中。即使不特別要求土質，也能生長強健。

雖極耐乾燥，但過濕環境會不利生長，除夏季或非常乾燥的時期外，幾乎沒有澆水的必要。用自然掉落的種子即可繁殖。

■利用法

利用部分　葉　花

食用青色花朵

琉璃苣的葉子與花常用來裝飾沙拉及各式料理。若把花朵撒在葡萄酒上，還有可看到花朵變成粉紅色的視覺樂趣。

【花】
用糖醃漬後，可用來裝飾蛋糕。新鮮琉璃苣還能豐富沙拉的色彩。

【葉】
琉璃苣沖泡的香草茶還有鎮痛、解熱的效果。

【苗】
育苗期為每年的9～翌年3月。

藥蜀葵

利用法

- 料理
- 園藝
- 飲茶（放鬆）
- 浴用
- 香花包

【科　名】錦葵科
【類　別】一、二年草本植物
【英　名】*Marsh mallow*
【株　高】100cm

月		1	2	3	4	5	6	7	8	9	10	11	12
收穫	莖·葉	■	■	■	■	■	■						
	花				■	■	■	■					
	種子					■	■	■					
花期					■	■	■	■					
播種													
分株、扦插													
病蟲害													

土壤	**肥沃**	普通	貧瘠
澆水	**多濕**	普通	偏乾
陽光	**全日照**	半日照	斜日照
溫度	**耐寒**	半耐寒	不耐寒

■特徵·培育方法

特別耐寒的強健香草

是日式點心的製作原料。這種香草需有充足陽光，適合種在營養豐富的濕潤土壤中。因特別耐寒，故栽培並不費力。

藥蜀葵的株型會長得很高大，所以栽培時要有足夠的苗株距離。

■利用法　利用部分　葉　花　根

製成香草茶

嫩葉和花可用來調製沙拉和香草茶；葉和根能當作蔬菜食用。在錦葵屬植物中，藥蜀葵擁有最佳的功效。

■特徵·培育方法

耐寒且栽植容易

錦葵植物通常都很耐寒且生命力極強。雖然屬於容易栽植的植物，但並不適合移植，最好將種子直接播到適當地點培植。

錦葵喜好陽光，適合排水良好的土壤，不需選用特定的土壤。

相近的品種中，還有帶淡香的莫斯科葵和蔓性的綠粉葵。

■利用法　利用部分　葉　花　根

用於製成香草茶

嫩葉和花可沖泡香草茶和調拌沙拉，將葉子和根用水煮開後，可當作蔬菜食用。錦葵屬植物均有緩解咳嗽和胃炎的功效。

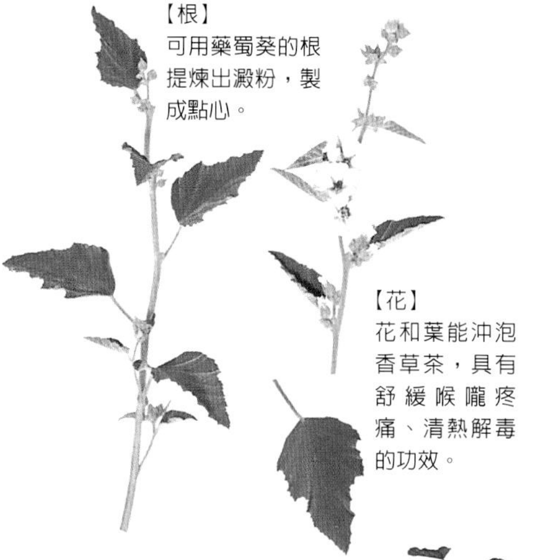

【根】
可用藥蜀葵的根提煉出澱粉，製成點心。

【花】
花和葉能沖泡香草茶，具有舒緩喉嚨疼痛、清熱解毒的功效。

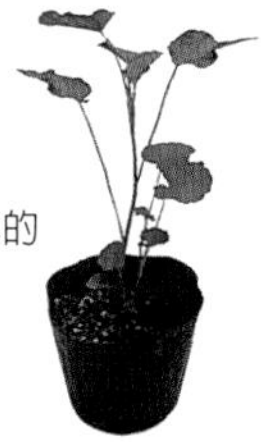

【苗】
育苗期為每年的2～3月、9～11月。

■特徵・培育方法

注意悶熱與乾燥

可於陽光充足處健康生長，較適合排水良好的鹼性土壤。

不耐高溫多濕的氣候。若栽植於庭院，記得梅雨時節與夏季高溫期，都應注意通風及水分的管理。開花前先剪下5公分左右長度，秋季時就可再次收穫。

■利用法

利用部分 葉 花

可消除肉腥味並添增風味

莖與葉帶有淡淡的薄荷香氣，可少量用於肉類料理。用花和葉可沖泡香草茶，具有鎮靜和促進消化的效果。

【莖和葉】
可作為浴用香草，據說有緩解腰痛的功效。

【苗】
育苗期為每年的3～4月、9～10月。

【花】
可用來裝飾料理和製作乾燥花。

馬郁蘭

利用法：料理、園藝、飲茶、浴用、香花包

【科　名】唇形科
【類　別】多年草本植物
【英　名】*Sweet marjoram*
【株　高】45cm

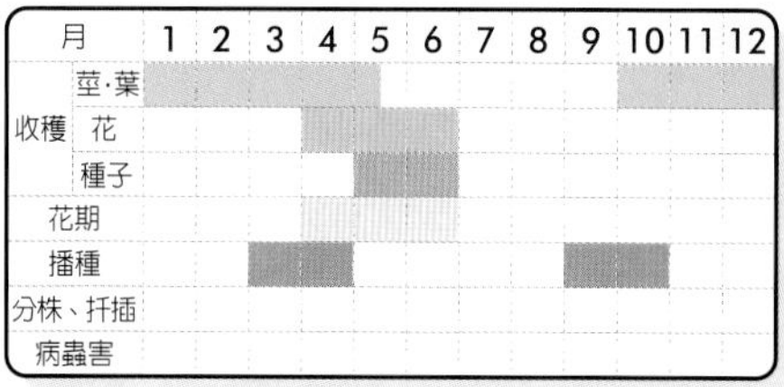

土壤	**肥沃**	普通	貧瘠
澆水	多濕	普通	**偏乾**
陽光	**全日照**	半日照	斜日照
溫度	**耐寒**	**半耐寒**	不耐寒

錦葵

利用法：料理、園藝、飲茶（放鬆）、浴用、香花包

【　科　】錦葵科
【種　類】一、二年草本植物
【英文名】*Common mallow*
【株　高】60cm～200cm

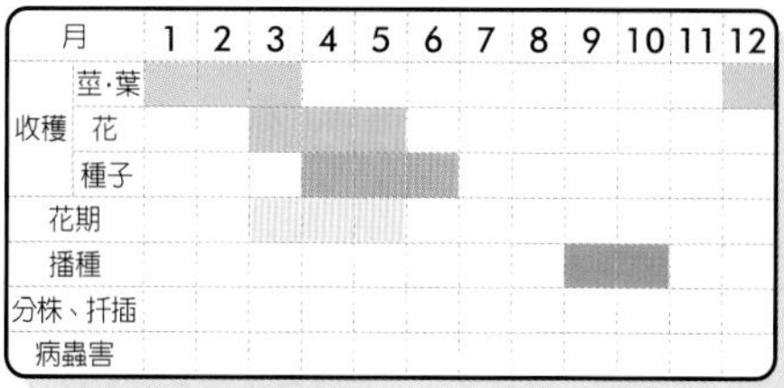

土壤	**肥沃**	普通	貧瘠
澆水	**多濕**	普通	偏乾
陽光	**全日照**	半日照	斜日照
溫度	**耐寒**	半耐寒	不耐寒

【花】
如果在錦葵香草茶中加入檸檬汁，會由青色變為粉紅色，非常有趣。

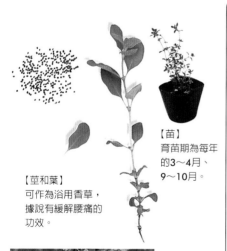

■特徵・培育方法

喜好營養豐富的土壤

這種香草原產於歐洲南部，適合於日照充足的地方培植，應選擇營養豐富、排水良好的土壤，不需選擇特定的土質。

由於特別耐寒，秋天播種後，來年春天就能欣賞鮮豔的黃金或橙色花朵。此外，花謝後應盡早摘除乾淨。

■利用法

利用部分　葉　花

花可作為著色材料使用

和番紅花一樣，可當作西式炒飯的著色劑和染色材料；也能用來插花和製作乾燥花。

土壤	肥沃	普通	貧瘠
澆水	多濕	普通	偏乾
陽光	全日照	半日照	斜日照
溫度	耐寒	半耐寒	不耐寒

金盞花

【科　名】菊科
【類　別】1年草本植物
【英　名】*Pot marigold*
【株　高】50cm～70cm

利用法

料理
園藝
飲茶
浴用
香花包（防蟲）
染色

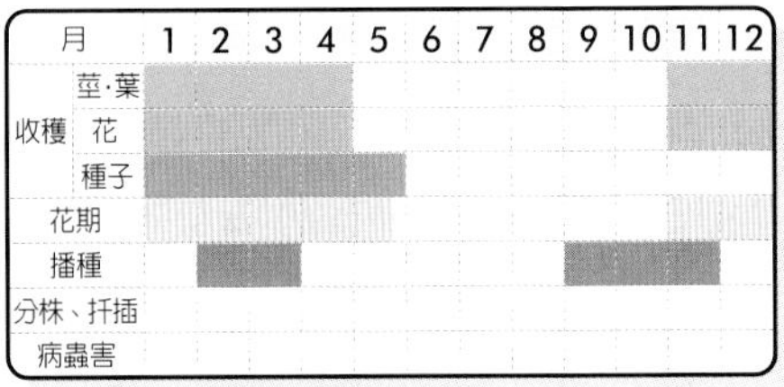

【苗】
育苗期為每年的2～3月、9～11月。

【花】
花色單純，可成為花壇的重點。花瓣乾燥後可用於製作香草茶，還能讓西式炒飯著色或當作染料使用。

■特徵・培育方法

生長強健容易照料

以帶有清涼香味而聞名的香草。在陽光充足及日光不直射的明亮處，均能生長良好。喜歡潮濕的土壤，對土質並無特別要求。

雖是特別耐寒的植物，但對過於悶熱和乾燥極爲敏感。梅雨季至盛夏期間，要對莖葉進行修剪，順便收穫並加強通風管理。此外，因薄荷生長性強健，若種在庭院時，會因過度繁殖而妨害其他植物的生長，所以應將其深埋土中，設置間隔板阻擋薄荷蔓生，或放在大容器中養殖。

■利用法　利用部分　葉　花　莖

香氣清爽，連初學者都可輕鬆利用

運用範圍廣泛，從增加點心風味外，還能用來製作香花包、浴用香草、香草茶等。

薄荷

利用法：料理　園藝　飲茶（活力）　浴用　香花包

【科　名】唇形科
【類　別】多年草本植物
【英　名】*Mints*
【株　高】3cm～100cm

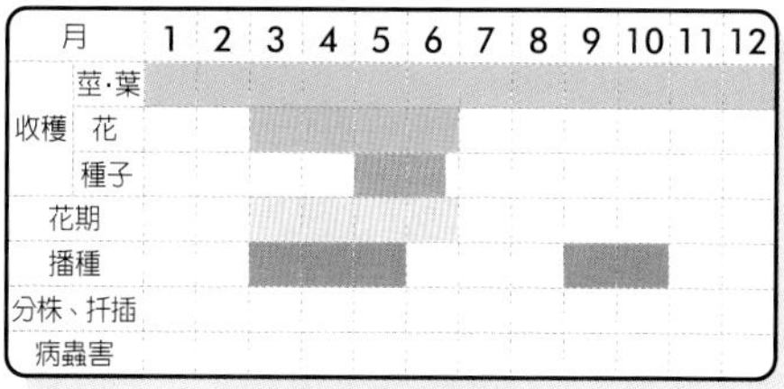

土壤	肥沃	**普通**	貧瘠
澆水	**多濕**	**普通**	偏乾
陽光	**全日照**	半日照	斜日照
溫度	**耐寒**	半耐寒	不耐寒

胡椒薄荷 *Pepper mint*

株高為30～90cm。香味濃厚，長長的花穗呈紫色，某些種類的莖葉為紅紫色。

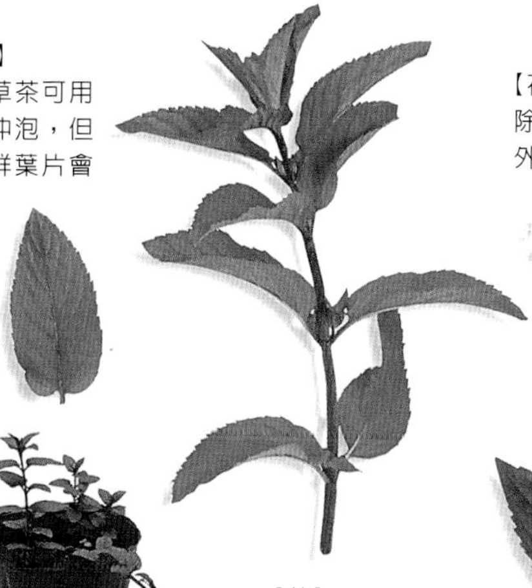

【莖和葉】
薄荷香草茶可用乾燥葉沖泡，但使用新鮮葉片會更香。

【苗】
育苗期為每年的3～5月、9～10月。

【花】
除作成香花包和乾燥花外，也能用來插花。

蘋果薄荷 *Apple mint*

株高為60～100cm。全株均披覆有絨毛，葉子呈圓形。帶有蘋果香味，非常適合用來沖泡香草茶。

【葉】
乾葉或生葉都能用來沖泡香草茶；不論冷熱飲都一樣美味。

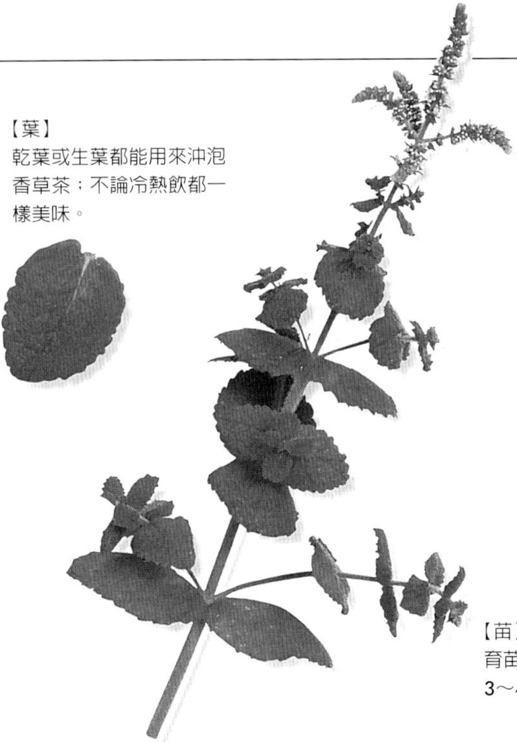

【苗】
育苗期為每年的
3～4月、9～10月。

綠薄荷 *Spear mint*

株高為60～100cm。也稱為荷蘭薄荷。帶有清淡的甜香味，特徵在於葉脈明顯，是歷史悠久的薄荷種類。

【花】
是插花的好材料。

【葉】
葉子除可裝飾冰淇淋，也能用來沖泡香草茶。

【苗】
育苗期為每年的
3～4月、9～10月。

普列薄荷 *Pennyroyal mint*

又稱為圓葉薄荷，株高為10cm～40cm，會匍匐蔓生於地面的薄荷品種。與其他的品種相比，對寒冷較為敏感。此外，普列薄荷也有直立性的品種。

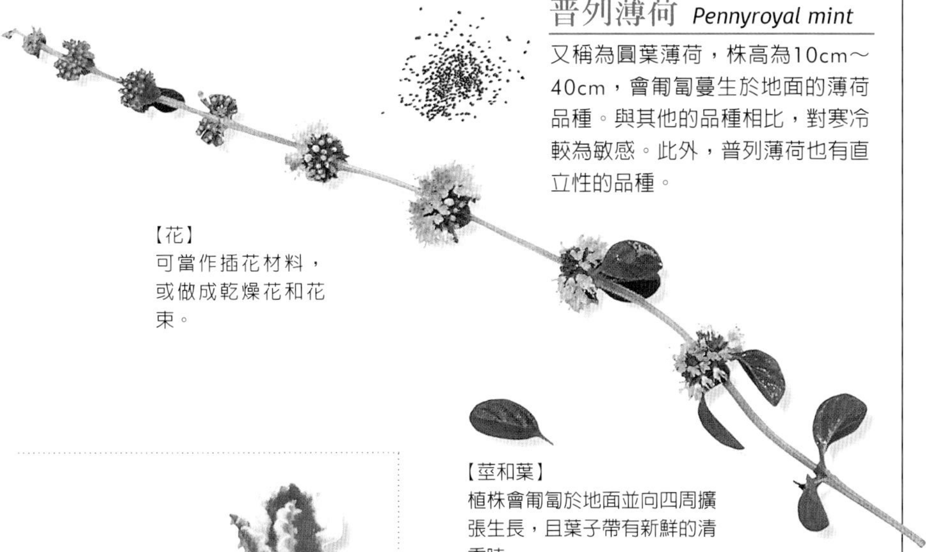

【花】
可當作插花材料，或做成乾燥花和花束。

【莖和葉】
植株會匍匐於地面並向四周擴張生長，且葉子帶有新鮮的清香味。

鳳梨薄荷 *Pineapple mint*

株高為10～50cm，葉面會有粉綠色的斑點，因外形美觀漂亮，多用來當作觀賞用的薄荷品種。

【葉】
因葉片上有色斑，適合當作合植栽種時的美麗裝飾。

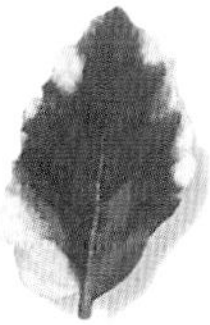

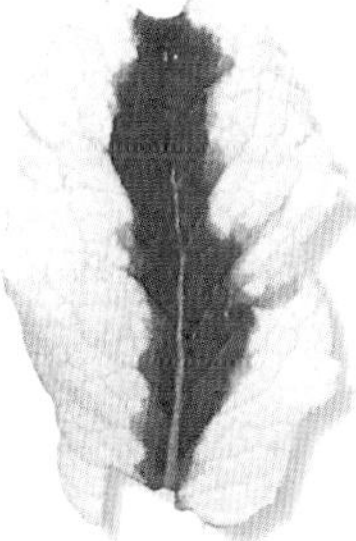

【苗】
育苗期為每年的3～4月、9～10月。

■特徵・培育方法

喜好冷涼氣候與鹼性土壤

薰衣草的香味出眾迷人，具有解熱、殺菌的優良功效，自古以來就是世人愛用的家庭常備藥及園藝材料。

適合在日照充足，排水良好的鹼性土質中生長。喜歡涼爽乾燥的氣候，所以對梅雨季的高溫多濕非常敏感，要特別注意保持乾燥及通風。另外，造成枯萎的情形多是因爲給水過多，應該控制用量。

■利用法 利用部分

擁有香草女王美稱，可品味優雅香氣

薰衣草的花可廣泛應用在香草茶、香花包、花束等方面。除具有解熱、鎮靜與防腐的功效外，還能常保肌膚健康，治療失眠、緩解緊張。

薰衣草

【科　名】唇形科
【類　別】多年草本植物
【英　名】*Lavender*
【株　高】30cm～100cm

利用法

料理
園藝
飲茶（放鬆／美容）
浴用
香花包
染色

月	1	2	3	4	5	6	7	8	9	10	11	12
收穫 莖·葉	■	■	■	■	■					■	■	■
收穫 花				■	■	■						
收穫 種子												
花期				■	■	■						
播種									■	■	■	
分株、扦插									■	■	■	■
病蟲害												

土壤	肥沃	普通	**貧瘠**
澆水	多濕	普通	**偏乾**
陽光	**全日照**	半日照	斜日照
溫度	**耐寒**	半耐寒	不耐寒

曼斯迪狹葉薰衣草

Munstead lavender

株高為30～40cm，屬葉小花大的早開品種，非常適合做成乾燥花。

【花】
即使將花乾燥，薰衣草仍保有鮮豔的紫色和香味，最適合用來當作香花包。

【莖和葉】
整株都能作為浴用香草使用，具有舒緩緊張、放鬆身心的優異效果。

白花法國薰衣草

Stoechas lavender

株高為30cm～40cm。又稱為頭狀薰衣草，屬於較快生長及開花、且花期較長的品種。但比較不耐寒。

【苗】
育苗期為每年的9～12月。

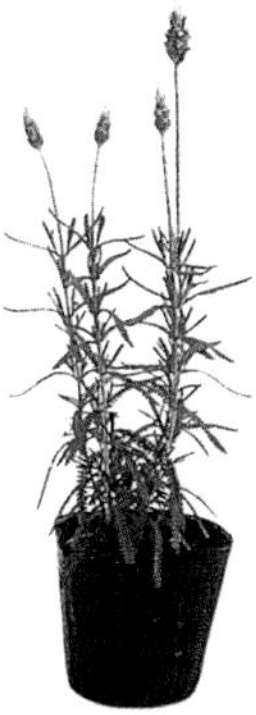

【花】
可製成乾燥花與
香花包。

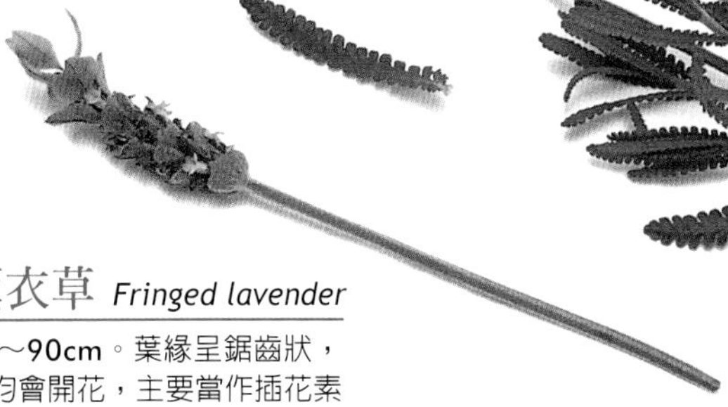

齒葉薰衣草 *Fringed lavender*

株高為60～90cm。葉緣呈鋸齒狀，一年四季均會開花，主要當作插花素材。

■特徵・培育方法

不用擔心防病蟲害

分布於地中海沿岸的香草，從前被視爲食用與藥用植物，但因其帶有微毒性，現在只用作觀賞。極耐寒冷與乾燥，不太需要擔心病蟲害問題，屬於容易培育的植物。

芸香

利用法

【科　名】芸香科
【類　別】常綠小灌木
【英　名】*Rue*
【株　高】50cm～100cm

料理
香花包（防蟲）

■利用法　利用部分　葉　花

香花包有防蟲的作用

主要當作園藝作物。製成香花包時還具有防蟲效果。

土壤	**肥沃**	普通	貧瘠
澆水	多濕	**普通**	**偏乾**
陽光	**全日照**	半日照	斜日照
溫度	**耐寒**	半耐寒	不耐寒

月		1	2	3	4	5	6	7	8	9	10	11	12
收穫	莖・葉	■	■	■	■	■	■	■	■	■	■	■	■
	花				■	■							
	種子					■							
花期					■	■							
播種				■	■					■	■		
分株、扦插				■	■					■	■		
病蟲害													

【莖和葉】
做成香花包會有
防蟲效果。

【苗】
育苗期為每年的
3～4月、9～10月。

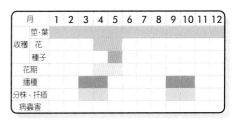

羊耳石蠶

利用法

料理
香花包

【科　名】脣形科
【類　別】多年草本植物
【英　名】*Lamb's ears*
【株　高】20cm～90cm

月		1	2	3	4	5	6	7	8	9	10	11	12
收穫	莖·葉		●	●	●	●							
	花						●	●	●				
	種子												
花期							●	●	●				
播種													
分株、扦插				●	●					●	●		
病蟲害													

土壤	**肥沃**	普通	貧瘠
澆水	多濕	**普通**	**偏乾**
陽光	**全日照**	半日照	斜日照
溫度	**耐寒**	半耐寒	不耐寒

■特徵・培育方法

注意要保持一定的乾燥

葉子帶有略微的香味，全株覆有灰色絨毛，閃耀著白色的美麗姿態，是相當受到歡迎的觀賞植物。

從日光充足的場所，到日光不直射的明亮處均可種植，適合栽種於排水良好，營養豐富的土壤中。因不耐高溫、多濕，故需注意不要讓羊耳石蠶受到強烈西曬或雨淋。

■利用法　利用部分　葉　花

合植時可用來彩飾花壇

除可用於插花、盆植、庭栽觀賞外，還可做成香花包和乾燥花等。

【莖和葉】
可作為花束的緣飾。

【苗】
育苗期為每年的4～6月。

【花】
從夏天直至入秋，長型花穗均會伸展。

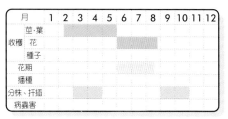

■特徵・培育方法

喜好營養豐富的土壤

這裡指的是食用大黃，是一種可長至1公尺高的大型植物。應於日照充分的場所培育，適合在排水佳、營養豐富的土中生長。

大黃雖然特別耐寒，但並不耐過濕、高溫及極端乾燥，所以應與其他植物保持一定的距離種植，使植株能保有良好通風。記得要用乾樹屑覆蓋苗株根部，藉以保濕。

■利用法　利用部分　莖

可做成點心和果醬

雖然粗葉柄部分可糖漬或製成果醬，但因葉片含有毒性成分，千萬不可直接食用。

土壤	肥沃	普通	貧瘠
澆水	多濕	普通	偏乾
陽光	全日照	半日照	斜日照
溫度	耐寒	半耐寒	不耐寒

MEMO

●莖的利用方法●

大黃原產於西伯利亞，明治時代被引入日本，但並不普遍。但因有通便效果，所以在歐洲有製成果醬食用的習慣。

葉片雖不食用，但還是有利用價值。可用來研磨黃銅和銅，作業時需戴上手套。

大黃

利用法

料理

【科　名】蓼科
【類　別】多年草本植物
【英　名】*Rhubarb*
【株　高】100cm～200cm

月		1	2	3	4	5	6	7	8	9	10	11	12
收穫	葉柄	■	■	■									
	花												
	種子												
花期													
播種										■	■		
分株、扦插													
病蟲害													

【葉柄】
帶酸味與香味，可利用部分為近葉根較粗的部位。

【苗】
育苗期為每年的9～10月。

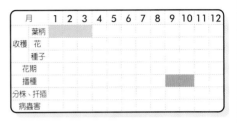

■特徵・培育方法

不宜於酸性土壤中培育

從陽光充足至陽光不直射的明亮處均可種植，較適合排水良好的貧土。不耐高溫與潮濕。特別是不要直接受到夏天的強烈西曬，盡量置於陽光斜射的遮陰處，並注意保持一定程度的乾燥。

斗篷草常見於一般園藝栽植，也適合作爲岩石花園的植物種類。

■利用法

利用部分　葉　花

據稱是女性的美容妙方

斗篷草的葉子乾燥後可用來沖泡香草茶；或將萃取液作爲美容化妝水使用，據說也有緊緻肌膚的功效。

斗篷草

利用法：料理　園藝　飲茶（美容）　浴用

【科　名】薔薇科
【類　別】一、二年草本植物
【英　名】*Lady's mantle*
【株　高】30cm～100cm

月		1	2	3	4	5	6	7	8	9	10	11	12
收穫	莖・葉	■	■	■	■								
	花			■	■	■							
	種子				■	■							
花期				■	■	■							
播種										■	■	■	
分株、扦插													
病蟲害													

土壤	**肥沃**	普通	貧瘠
澆水	多濕	**普通**	偏乾
陽光	全日照	**半日照**	**斜日照**
溫度	**耐寒**	半耐寒	不耐寒

【莖和葉】
稍帶苦味，可將少量嫩葉拌入沙拉中。

【苗】
育苗期為每年的9～11月。

【花】
可同時和葉、莖一起作為浴用香草。

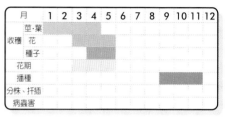

■特徵・培育方法

需充分澆水

原產於熱帶東南亞及印度。因葉子帶有檸檬香味而得此名。這種香草適合於日照佳、溫暖潮濕的環境中生長。

因喜好水氣，所以需要較多水分。夏季葉子增長很快，可從苗株根基部剪下葉子使用。

■利用法　利用部分　葉

讓異國料理倍增風味

這種香草是泰式餐點等異國料理不可缺少的調味香草。據聞有舒暢身心及整腸的療效。

檸檬香茅

利用法

【科　名】禾本科
【類　別】多年草本植物
【英　名】*Lemongrass*
【株　高】100cm～180cm

料理
園藝
飲茶（活力）
浴用
香花包
染色

月		1	2	3	4	5	6	7	8	9	10	11	12
收穫	莖·葉	■	■	■	■	■	■	■	■	■	■	■	■
	花												
	種子												
花期													
播種													
分株、扦插				■	■	■	■	■	■	■	■		
病蟲害													

土壤	肥沃	**普通**	貧瘠
澆水	**多濕**	普通	偏乾
陽光	**全日照**	半日照	斜日照
溫度	耐寒	**半耐寒**	不耐寒

【苗】
育苗期為每年的3～10月。

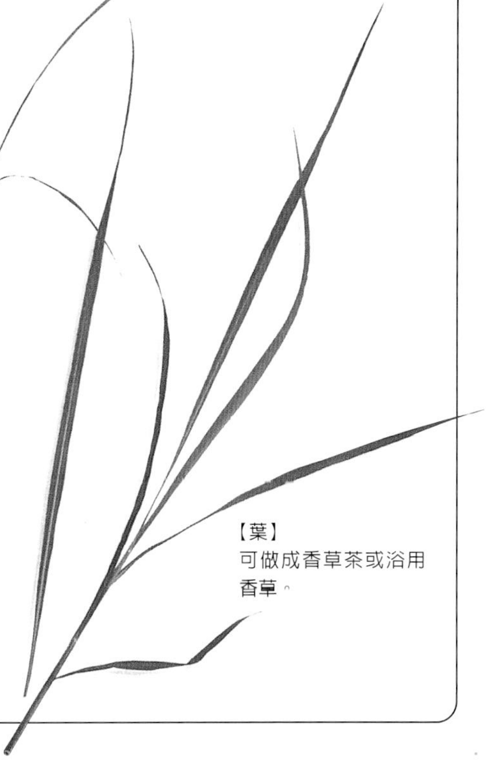

【葉】
可做成香草茶或浴用香草。

MEMO

●檸檬香茅的花●

你見過檸檬香茅開花嗎？若旅行至東南亞、印度等檸檬香茅的原產地時，就有機會看到檸檬香茅開花。因屬禾本科，所以檸檬香茅的花也與此科植物都很類似，花穗具彈性，所開的小花呈現細絨毛狀。

檸檬馬鞭草

利用法

【科　名】馬鞭草科
【類　別】低矮灌木
【英　名】*Lemon verbena*
【株　高】100cm～300cm

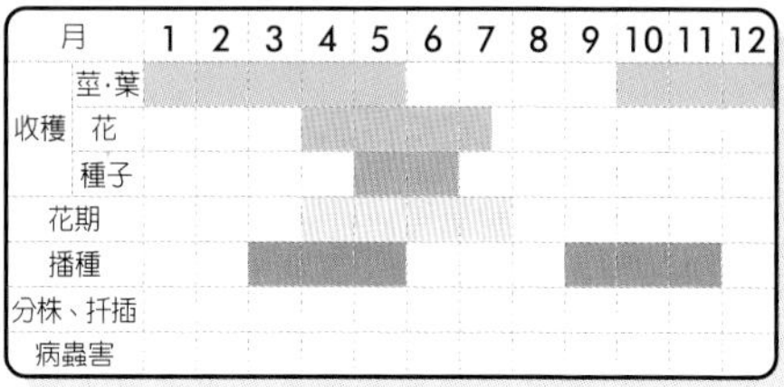

■特徵・培育方法

抗病蟲害能力強，容易培育

葉子帶有清爽的檸檬香味，其精油常被用來當作化妝品香料。

這種香草喜好於陽光充足的地方生長，較適合種在排水良好的乾燥土質中，但不需選用特定土壤。因不耐冷風及寒氣，所以冬天溫度過低時，可將庭栽改爲盆栽，並置於日光能照射到的室內場所。

■利用法

利用部分　葉　花

最適合的花香包和花束用材料

葉子可沖泡香草茶或於香草浴時使用，還能讓點心增添特殊香氣。乾燥後的葉子可長久保持香氣，最適宜製作香花包和花束。

土壤	肥沃	普通	**貧瘠**
澆水	多濕	**普通**	偏乾
陽光	**全日照**	半日照	斜日照
溫度	耐寒	**半耐寒**	不耐寒

【花】
可與葉子用來製成香花包。

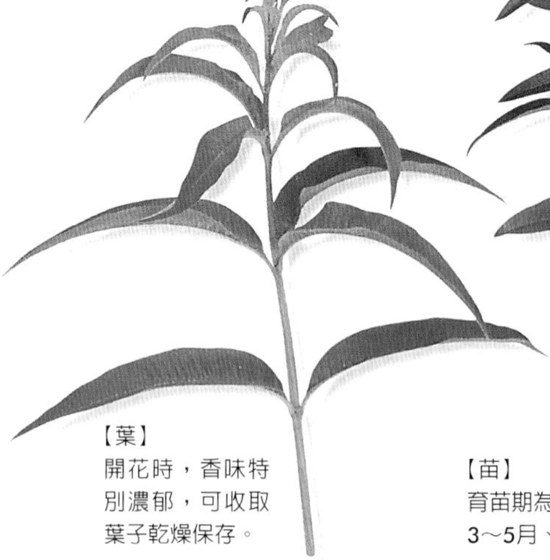

【葉】
開花時，香味特別濃郁，可收取葉子乾燥保存。

【苗】
育苗期為每年的3～5月、9～11月。

■特徵・培育方法

生長快且容易培育

生長快且強健，也較能耐熱及抗寒，是容易栽植的香草種類，連窗台也能輕鬆培育。種植時要選擇排水良好而陽光不直射的明亮處。土質需富含營養及適當水氣。

夏季乾燥時，應注意勿中斷水分的供給。苗株相互重疊時會太悶熱，應不斷進行摘葉處理，還可順便採收。越早採收花穗，收穫期就越長。

■利用法 利用部分 葉 花

利用其檸檬香氣為料理增添風味

可用嫩葉來製作料理、拌沙拉、沖泡香草茶或泡個香草浴。同時香蜂草還具有促進消化、鎮靜解熱的功效。

土壤	**肥沃**	普通	貧瘠
澆水	**多濕**	**普通**	偏乾
陽光	全日照	**半日照**	**斜日照**
溫度	**耐寒**	半耐寒	不耐寒

香蜂草

利用法

【科　名】唇形科
【類　別】多年草本植物
【英　名】*Lemon balm*
【株　高】50cm～100cm

料理
園藝
飲茶（美容）
浴用
香花包

月		1	2	3	4	5	6	7	8	9	10	11	12
收穫	莖·葉	■	■	■	■	■	■	■	■	■	■	■	■
	花				■	■	■						
	種子					■	■						
花期					■	■	■						
播種				■	■	■				■	■	■	
分株、扦插				■	■	■	■			■	■	■	
病蟲害													

【花】
常引來蜜蜂聚集。

【苗】
育苗期為每年的3～5月、9～11月。

【葉】
可用來當作料理、點心、飲料的裝飾。

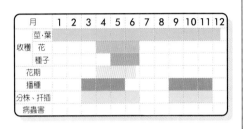

犬薔薇

利用法

【科　名】薔薇科
【類　別】半蔓性落葉灌木
【英　名】*Dog rose*
【株　高】100cm～300cm

月		1	2	3	4	5	6	7	8	9	10	11	12
收穫	莖·葉												
	花												
	種子												
花期													
播種													
分株、扦插													
病蟲害													

土壤	肥沃	普通	貧瘠
澆水	多濕	普通	偏乾
陽光	全日照	半日照	斜日照
溫度	耐寒	半耐寒	不耐寒

■特徵·培育方法

注意肥料供給與病蟲害防治

犬薔薇又稱爲香迷你薔薇，是屬香味濃厚的香草種類。除犬薔薇外，還有許多類似會結果的種類，果實被稱爲薔薇果或玫瑰實，是很受歡迎的香草。

此香草栽培簡單，定植時可選用排水良好、含粘土質的營養土壤。應選擇陽光充足的場所種植，並於定植前摻入基肥混合。

除氣溫4℃以下及冬眠期外，要注意勿中斷水分的補給。

■利用法

利用部分　葉　實

用於製作果醬和香草茶

鮮紅的成熟果實富含維生素C，可活用其酸味和色澤來製作香草茶和果醬。

【花】
可做成薔薇醬和糖漬花朵，同時也能製成乾燥花或拿來插花。

【果實】
果實搗碎後可沖泡香草茶或製成果醬。

■特徵・培育方法

生長環境應保持一定的乾燥

又稱爲羅馬洋甘菊，整株香草都有極爲強烈的蘋果香味。春天時會開出和瑪格麗特一樣的小白花，整個花壇會散發出迷人優雅的香氣。

羅馬甘菊喜好生長於陽光充足的場所，較適宜種在排水良好的土壤中。雖然極爲耐寒，但對過濕和悶熱的環境很敏感，也容易受蚜蟲侵害，所以要經常修剪莖葉，平日管理時確保持良好通風。

■利用法 利用部分 葉 花 莖

最適合用來沖泡香草茶

大家熟知的菊花茶就是利用羅馬甘菊的花朵沖泡而成的。沐浴時使用莖與葉，據說會有柔軟肌膚、放鬆身心及鎮靜安神等優異效果。

羅馬甘菊

【科　名】菊科
【類　別】多年草本植物
【英　名】*Roman chamomile*
【株　高】30cm～60cm

利用法
料理
園藝
飲茶（放鬆／美容）
浴用
香花包

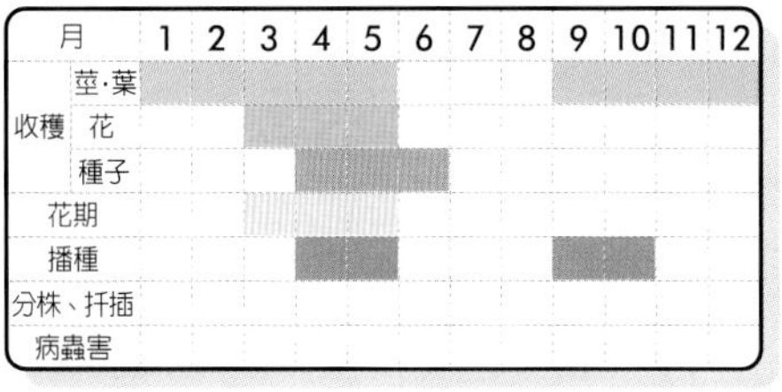

土壤	肥沃	普通	貧瘠
澆水	多濕	普通	偏乾
陽光	全日照	半日照	斜日照
溫度	耐寒	半耐寒	不耐寒

【花】
早上採摘香氣濃厚迷人，而其浸出液還能當作潤絲精。

【苗】
育苗期為每年的4～5月、9～10月。

【莖和葉】
全株香草都可於沐浴泡澡時使用。

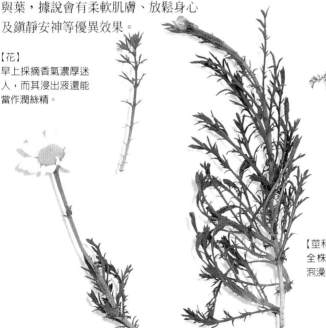

■特徵・培育方法

喜好營養豐富的土壤

芝麻菜又稱爲南芥，有紫花和黃花菜品系，偏好充足的陽光，適合種植在排水良好、富含有機質且濕度適宜的營養土壤中。植株結果之後，生長勢會轉弱，如果只想運用葉子，就應盡早摘除花穗。要特別避免強烈的日照，因爲會使葉子變苦。

■利用法 利用部分 葉 花

帶有芝麻香味，最適合拌製沙拉

花和葉稍帶辣味，還有芝麻般的香味，自古以來就常被用來拌製沙拉。

芝麻菜

利用法：料理、園藝、飲茶

【科　名】十字花科
【類　別】一年草本植物
【英　名】*Rocket Salad*
【株　高】100cm

月		1	2	3	4	5	6	7	8	9	10	11	12
收穫	莖·葉	■	■	■								■	■
	花	■	■	■	■								
	種子			■	■	■							
花期		■	■	■	■								
播種										■	■	■	
分株、扦插													
病蟲害													

土壤	肥沃	普通	貧瘠
澆水	多濕	普通	偏乾
陽光	全日照	半日照	斜日照
溫度	耐寒	半耐寒	不耐寒

【苗】
育苗期為每年的9～11月。

【葉】
和菠菜一樣，若和培根同拌的話，味道會很香。

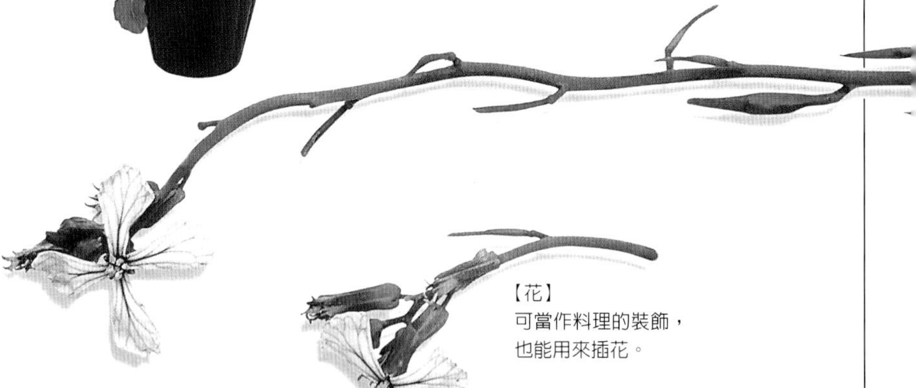

【花】
可當作料理的裝飾，也能用來插花。

【種子】
常被當作芥菜代替品使用。

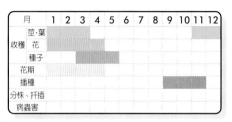

俄羅斯鼠尾草 利用法

【科　名】唇形科
【類　別】落葉灌木
【英　名】*Russian sage*
【株　高】60cm～100cm

料理
園藝
香花包

月		1	2	3	4	5	6	7	8	9	10	11	12
收穫	莖·葉												
	花			■	■	■	■						
	種子												
花期				■	■	■	■						
播種				■	■						■	■	■
分株、扦插													
病蟲害													

土壤	肥沃	**普通**	貧瘠
澆水	多濕	**普通**	**偏乾**
陽光	**全日照**	半日照	斜日照
溫度	**耐寒**	半耐寒	不耐寒

■特徵·培育方法

適合於乾燥環境下生長

乍看下很像鼠尾草，所以才有這個名字，但它與鼠尾草並不是同類的植物。整體上呈銀灰色，從初夏後會開很像薰衣草的紫色小花，能使花園美麗又雅致。

與薰衣草相比，雖較爲耐暑氣，但對悶熱和過濕很敏感，應盡可能使其通風以保持乾燥。這種香草喜於陽光充足的場所生長，較適宜在排水良好略帶鹼性的土壤中培育。冬季落葉後，會於春天再度發芽生長。

■利用法　利用部分 花

適用於園藝和乾燥花等方面

花朵可以庭栽或以盆栽合植，不但有觀賞的價值，也能用來製作乾燥花和花束。

【花】
可用作菜肴和沙拉的裝飾。

【苗】
育苗期為每年的
3～4月、10～12月。

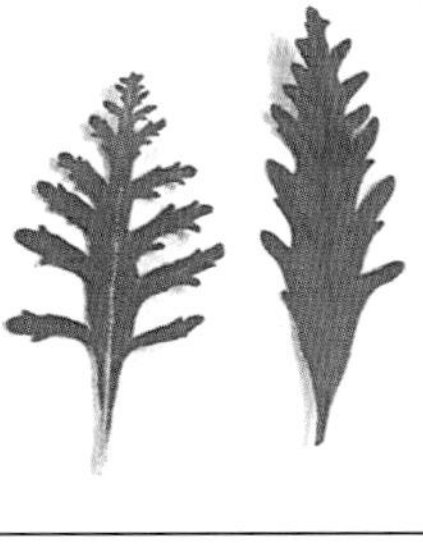

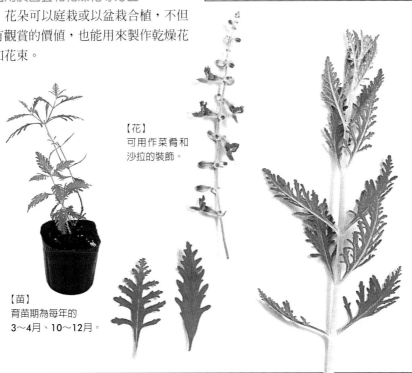

迷迭香

【科　名】唇形科
【類　別】常綠小灌木
【英　名】*Rosemary*
【株　高】20cm～200cm

利用法

- 料理
- 園藝
- 飲茶（美容）
- 浴用
- 香花包
- 染色

月		1	2	3	4	5	6	7	8	9	10	11	12
收穫	莖·葉	■	■	■	■	■	■	■	■	■	■	■	■
	花			■	■	■	■	■					
	種子				■	■	■	■					
花期				■	■	■	■	■					
播種		■	■	■	■					■	■	■	■
分株、扦插										■	■		
病蟲害													

土壤	肥沃	普通	**貧瘠**
澆水	多濕	**普通**	偏乾
陽光	**全日照**	**半日照**	斜日照
溫度	**耐寒**	半耐寒	不耐寒

■特徵・培育方法

喜好鹼性土壤

這種香草原分布於地中海沿岸，除有莖幹垂直伸長的直立性品種外，還有橫向擴展的匍匐性品種，及半立性品種。

迷迭香喜好陽光，若基土排水良好，不需特別選擇土壤也能健康培育。雖特別能耐暑氣與乾燥，但容易悶熱，枝葉過於茂盛會導致下方葉子枯萎。所以夏季時可進行剪枝作業並順便收穫。而使用扦插法就能輕鬆繁殖。

■利用法　利用部分　葉　花　莖

適合用來凸顯肉類料理的風味

葉子可使肉類料理更加美味，也能製作香草茶和香花包。因據說有殺菌效果，最適宜沐浴使用。

蔓性迷迭香

Rosemary prostrate

株高為20～40cm。這種迷迭香屬於蔓性品種，常種植於吊盆中。

【苗】
育苗期為每年的1～4月、9～12月。

【莖和葉】
可讓肉類料理更有滋味，同時也能加入餅乾和麵包中食用。

【花】
可裝飾料理及湯品，花朵常引來許多蜜蜂聚集。

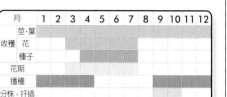

塔斯肯蘭迷迭香 *Tuscan Blue*

株高為100～200cm，屬直立性品種，特徵在於鮮美明亮的綠色葉片，為耐寒性較弱的種類。

【苗】
育苗期為每年的
1～4月、9～12月。

【花】
會開美麗小花，葉色也很亮麗，植株常種成小樹籬。

【莖和葉】
能讓料理更為美味。

枝杈形迷迭香 *Spray and Upright*

株高為100～200cm，屬半直立性品種，莖條的分支多，葉子較密集。

【莖和葉】
可使肉類料理增加風味，還能於加入餅乾中烘烤以增加香味。

【苗】
育苗期為每年的
1～4月、9～12月。

用香草進行彩染

使用香草彩染物品是香草的應用領域之一，它的歷史可遠溯至西元前。就算使用相同的香草，但隨著浸染素材的不同，也會產生各自相異的風格與趣味，而這正是香草彩染的魅力所在。

絲綢和羊毛較易浸染

很多香草均可用來進行彩染。雖然所有的布料均可染色，但還是以絲綢及羊毛較易著色，而棉與麻則是較困難的。因素材不同，會使暈染的色調和風格產生各式各樣的變化，這也是香草染色的莫大樂趣！

媒染為必須程序

在香草彩染的過程中，使色素生成和色素固定的階段是絕對必要的，這個程序稱之爲媒染。如果不進行媒染這個步驟，就算表面看起來似乎已經完成染色，但還是會很容易就會褪色。

而媒染劑中有錫媒染、鋁媒染、銅媒染、鐵媒染，鉻媒染等等。這些東西可在DIY量販店和手工藝品店中買到，但因對人體有毒，所以使用時應格外小心。

絲綢染色時需將香草煮液保持於70℃

下面介紹絲綢的浸染方法。如果採用新鮮香草，分量約爲絲線布料重量的2～10倍；若是乾燥的香草，則採用布料的三分之一至等倍的重量。接著加水至可完全浸入布料，並煮上20～30分鐘。再將煮好的染液濾出後倒入容器中。

這時將絲綢浸入水中，撈出後浸入香草煮液中，一邊攪拌一邊煮染約15～20分鐘，這個程序需讓香草煮液保持在70℃左右，而香草在煮染時，就能先準備好媒染劑。經過浸染後，將染布從香草煮液中取出，輕輕擰乾，然後全部沒入媒染液中浸泡約15～20分鐘。注意要間斷性地攪動。

時間一到，就從媒染液中取出染布，輕輕擰乾，再次浸入香草煮液中，並根據自己喜好的顏色深淺來控制煮染時間。一染成喜歡的顏色後，即可取出擰乾，再用毛巾包裹吸水，用低溫熨斗熨乾後就能使用了。

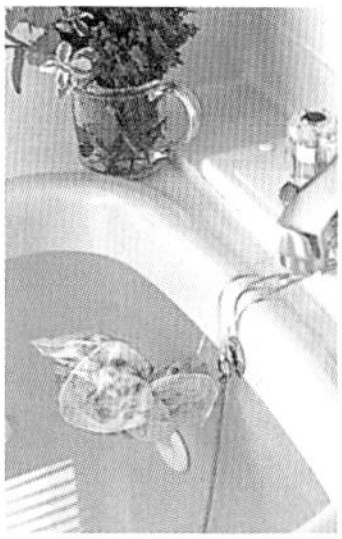

賞玩培育完成的香草

香草的利用方法

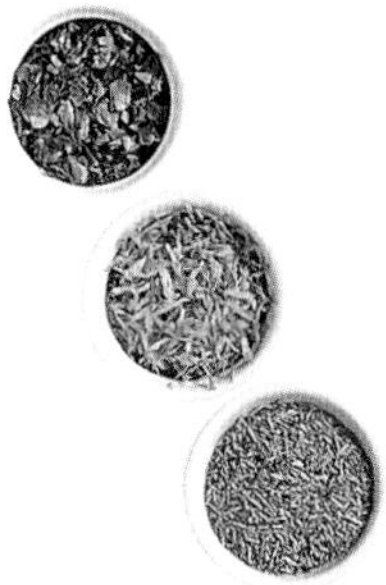

【茶飲、料理、香花包etc.】

香草開始生長後，我們就可以期待收穫了。若是使用嫩葉製作的香草茶和料理，可摘取新鮮葉片。如果想讓香草的風味更為突出，就不妨多方面嘗試各種利用方法吧！

享用香草茶

清早醒來，想轉換上學、上班前的氣氛時；或是就寢前的放鬆時刻…每天我們都可依不同場景選用合適的香草茶。不但可調配個人喜愛的味道及濃淡，還能嘗試組合各種香草，創造各式美味。

新鮮
乾燥

將新摘的葉子放入壺中，只需注入熱開水即能享用香草茶，可根據每天的生活加以選用。當然，我們

輕鬆即可享用的香草茶

香草的基本樂趣就是品嘗香草茶，如果是剛摘下的新鮮葉子，可於清洗後放入壺中，注入熱開水後即能飲用。

如果是乾燥香草，享用方法也很簡單哦！

清晨可飲用胡椒薄荷茶

早晨醒來，若想飲用能夠提神醒腦的香草茶，我們向您推薦胡椒薄荷和迷迭香。但睡前飲用反而會難以入睡，所以要特別注意。

就寢前最好飲用具舒緩身心、安神鎮靜的薰衣草和羅馬甘菊。

另外，我們也可以試著組合沖泡各式香草，如果想要有放鬆的效果，記得要將功效相同的香草組合在一起，並以相同的分量沖泡即可。

新鮮香草茶的沖泡方法

將種植於庭院或陽臺的香草各剪取一枝，洗淨後放入壺中，倒入熱開水等待幾分鐘後就完成了。這裏介紹的是具有檸檬味的香草。

【材料】

（2～3杯量）
檸檬香茅1葉（因葉片很長，可剪取適當長度），香蜂草和檸檬馬鞭草各一枝。

【混合】

1 將材料倒入壺中，檸檬香茅這類葉面較大的香草，要先切成適當大小。香蜂草則是可整枝使用。

2 放入三種新鮮香草後，以自己的喜好來決定各自的分量。

【浸泡】

3 從香草上方，將熱開水倒入茶壺中，浸泡約3分鐘的時間。如果有砂漏，計算時間會更方便。

【熱飲】

4 3分鐘後，就可將熱騰騰的香草茶倒入已溫過的茶杯了（等待浸出時，先倒入熱開水，要倒出熱香草茶時再將溫水倒掉）。

熱香草茶沖泡完成後，如果想更加香甜可口，可加入適量蜂蜜。

【冷飲】

5 浸泡3分鐘後，將香草葉取出。

6 將茶壺置於已先放入冰水的盆中冷卻。

7 冷卻後，倒入放有冰塊的玻璃杯中。

如此即完成冰香草茶了，也可用葉子裝飾。

乾燥香草茶的沖泡方法

乾燥香草茶的沖泡方法與新鮮香草茶大致相同。這裏介紹的是具有美容功效的混合香草。

【材料】

（從左上開始順時針方向）
薔薇果、茴香（種子）、德國甘菊、扶桑花、檸檬香茅。

【混合】

1 將各式香草放入茶壺中。2杯量的話，大約每種材料都舀2茶匙。將所有香草混合拌好後待用。

2 將熱開水倒入壺中，沖泡浸出約3分鐘左右。當材料重量有差異時，要用茶匙混合拌勻。

3 經過3分鐘後，倒入已溫好的茶杯中。

色彩鮮豔的濃郁香草茶
扶桑花的酸味是賞味重點

乾燥香草茶沖泡完成。冰飲的製作方法與前頁相同。

此時的組合香草茶

✻ 想元氣十足時
推薦使用於工作、學習、遊玩，需要精力的活動等場合。選擇組合具強健效果的香草種類，可以同等分量混合或隨喜好加入不同的量。
・胡椒薄荷、檸檬馬鞭草

✻ 想安眠入睡時
選擇組合能有放鬆效果的香草。失眠時，選好的香草茶，最初應等量混合，之後可依喜好比例調製。
・洋甘菊、菩提、野薄荷、薰衣草

✻ 當感冒不適時
當患有感冒、花粉熱等症候時，可飲用令人清新舒爽的香草茶。
・胡椒薄荷、薰衣草、洋甘菊

舒緩放鬆的香草茶

茴藿香
莖和葉有恢復疲勞的功效。

阿拉伯茉莉
具有鎮靜的作用。

奧勒岡
可使用莖與葉。具鎮靜作用與優異的恢復疲勞效果。

荊芥
使用葉子，具催眠和發汗的效果。

德國甘菊
使用花。有鎮靜、保溫及恢復疲勞的功效。

錦葵
使用花。花色美麗且具有鎮靜效果。

薰衣草
使用花。具有鎮靜安神的功效，對失眠極有調節作用。

香蜂草
使用葉子，有提昇記憶力的效果。

激發元氣的香草茶

胡椒薄荷
是混合香草茶的最佳基本茶種。

迷迭香
使用莖和葉，可促進身體的各項機能。

檸檬香茅
使用葉子。含有與檸檬相同的成分。

玫瑰
使用花瓣和乾燥的果實（薔薇果）。

促進食慾的香草茶

香蜂草
使用葉子，有促進消化、整腸的功效。

檸檬香茅
使用葉子。可增進食慾並有益於消化。

胡椒薄荷
使用葉子。能加強胃部功能。

金盞花
使用花，可活化身體各項機能。

因使用簡單而推薦的 乾燥香草

如果想每日享受飲用香草茶，除了自己種植的香草外，還可購買市售的乾燥香草沖泡利用。包裝盒上通常記載有使用方法和各種效果，方法簡單，每個人都可輕鬆享用。

粉紅玫瑰花瓣
乾燥的粉紅色薔薇花瓣。

紅色玫瑰花瓣
乾燥的紅色薔薇花瓣。

薔薇果
犬薔薇之類的果實乾燥搗碎後的產品。

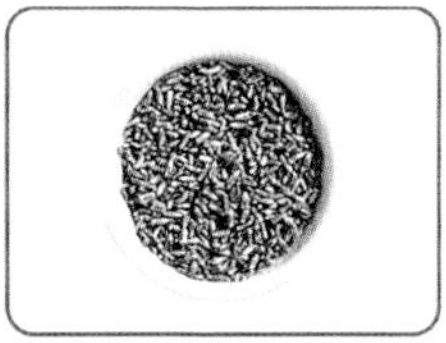

薰衣草
乾燥的薰衣草花。

扶桑花
乾燥後的花萼部分。

藍錦葵
將花乾燥處理，具有美麗的色彩。

金盞花
乾燥的花瓣部分。

羅馬甘菊
乾燥後的花，具有蘋果香味。

更能輕鬆享用的香草茶包

香草茶也有各式各樣的茶包，可讓沖泡變得更簡單。沖泡方法與紅茶包、綠茶包相同。

胡椒薄荷
乾燥的莖與葉部位，帶有清爽香味。

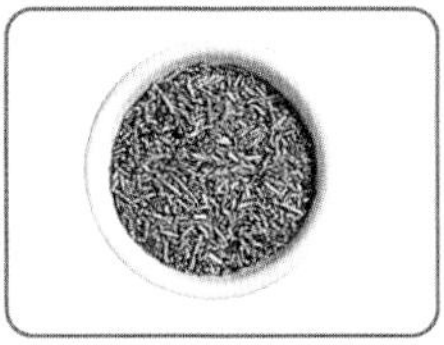

迷迭香
乾燥後的葉子，可應用於各式料理當中。

香蜂草
乾燥的莖、葉部分，擁有各種顯著的療效。

檸檬香茅
將葉乾燥處理後，使用起來十分方便。

推薦另一個使用方法

混合紅茶、綠茶飲用，輕鬆享用不同風味

將薄荷加入綠茶中

所謂香草茶並非只能以香草植物沖泡，其實我們也能嘗試各種活用香味的方法。

就好像綠茶，常常經過數天後，我們都還能聞到它所殘留的餘香。現在就從綠茶中加入乾燥薄荷開始，加上薄荷的香氣後，就能享受前從未有的美妙風味。

此外，也能試著搭配紅茶、烏龍茶、炭焙茶等相容性佳的組合。

用根沖泡咖啡

將菊苣和西洋蒲公英等植物的根乾燥後，慢慢焙煎，可當作類似咖啡的健康飲料飲用。

不可作為香草茶飲用的香草植物

由於香草使用情形各自相異，有時不當食用後，會對人體造成傷害。即使是對身體有益的香草也不應攝取過多。

特別是孕婦，在懷孕期間一定要特別注意控制下列香草的攝取量，千萬不可大量使用，才不會對身體造成影響。

茴香、斗蓬草、羅馬甘菊、錦葵、大黃、胡椒薄荷、薰衣草、小白菊、尤加利葉。

但如果是芸香、百香果的葉子、金銀花（忍冬）的果實、聚合草的根，則絕對禁止用於香草茶和料理等方面。

享用香草油和西式香草醋

可為料理增添各式風味的香草，也能浸泡於油及醋中，製成香草油和香草醋使用。若平日能有所準備，需要時就可立刻應用。另外有許多香草，常使用於醬汁製作，或作為與魚、肉類料理的事前醃製準備。

新鮮
乾燥

各種混有月桂樹、迷迭香、百里香、辣椒等植物的香草油。混有大蒜、辣椒、胡椒粒的香草油，可當作香料使用。而辣椒香草油、羅勒香草油則可廣泛運用在義大利麵、料理醬汁等方面。而最右方同時混入多種植物的香草油，是製作披薩與蛋包飯時最能畫龍點睛的香料。

用香草油炒菜

將香草浸入橄欖油中，就可製作香草油了。其中味道較融合的有羅勒、百里香、迷迭香等，都是義大利料理不可或缺的香草種類。

也可以混用各種香草製作香草油，使用方法很簡單，和炒菜油一樣，可用來炒菜或當作是醬汁的材料。

爲使魚、肉入味，可在煎烤前先將香草油塗於肉類表面，或準備各式食材時都可靈活運用。此外，若想爲義大利麵、比薩、荷包蛋等料理更添絕妙風味時，可加入適量香草油於其中。

用香草醋為料理提味

將香草浸入醋中，就可漬成西式香草醋。而且也是製作美乃滋或醬汁時，最方便的檸檬代用品。只需將油或醋煮沸消毒，然後裝入已擦乾、無水分的瓶中待用即可。

可浸漬製作香草油的植物種類

百里香
少量加入魚類料理或是燉菜，可增加食物風味。

迷迭草
義大利料理不可或缺的調味品，也適合炒菜時使用。

羅勒
適用於義大利麵、比薩、炒菜、煎肉、醬汁等方面。

【製作方法】

準備玻璃製的瓶子當作容器使用，並以熱開水消毒後，將水分完全擦乾。作為材料使用的香草也需洗淨及拭乾水氣，也可以選擇乾燥的香草。將香草裝入瓶中，再緩緩倒入橄欖油。將其置於陽光不直射的場所約一個月，每日記得要搖晃瓶身，使其充分入味熟成。

可浸漬製作香草醋的植物種類

羅勒
可製成與番茄味道最協調的醬汁。

百里香
可製成海鮮類料理用的醬汁。

金蓮花
可作成綠色系沙拉的醬汁使用。

青紫蘇
用來製作日式沙拉和壽司很方便。

薄荷
清爽風味深深令人喜愛。

【製作方法】

使用玻璃製或陶製的密閉容器。因金屬會產生酸化作用，應盡量避免使用。使用前以熱開水消毒，再把瓶內完全擦乾。將適量的香草材料事先洗淨並充分拭乾水氣。再把乾燥香草放入瓶中，然後倒入醋浸泡。要時常搖晃瓶身使味道均勻。注意需置於陽光不直射的溫暖處所3個月左右，使其充分入味熟成。

（照片由左向右）金蓮花西式香草醋、羅勒西式香草醋、百里香西式香草醋、薄荷西式香草醋。最前方為青紫蘇西式香草醋。

品嘗美味的香草酒

將香草浸入利口酒中，可製成美味可口的香草酒。若以具有安眠效果的薰衣草浸泡，也能令人安神熟睡。此外，如果在氣味強勁的日本酒、紅酒之中漬入香草，會使酒味更加絕美芳香。

新鮮
乾燥

（從左後方開始）薰衣草利口酒、檸檬香茅利口酒、薄荷利口酒、野薔薇酒。用玻璃杯盛裝的為薰衣草酒（左）、李子酒。最前方為浸有薰衣草的日本酒。

活用香草酒

將香草漬入水果利口酒中，即可享用美味的香草酒。每日少量飲用，對身體有益。而且還能於準備烹飪食料及製作點心時使用。

製作時，將已洗淨的香草擦乾水分，浸泡漬入於水果利口酒中，約1個月後即取出香草，然後慢慢使其熟成。注意應避免陽光直射。

改變酒的原本風味

已開封許久的日本酒及紅酒，是否仍被你置於冰箱當中呢？若在這些酒中漬泡新鮮的英國薰衣草花穗，或把薄荷、羅勒放入紅酒的話，會能轉變成一種風味十足的酒。讀者不妨根據自己的喜好，多多嘗試各種香草酒。

利用花朵製作的香草酒

洋甘菊

紫藍矢車菊

野薔薇

錦葵

金盞花

薰衣草

【香草酒的製作方法】

容器以玻璃瓶較適合，用熱開水消毒，並徹底擦乾瓶子內外。

將適量的香草材料洗淨、拭乾，放入瓶中，再倒入水果利口酒。使用乾燥的香草效果也很不錯。接著放在陽光不直射的地方，浸泡約一個月左右。之後再取出香草，仍置於陽光不直射之處，使其充分入味熟成。

利用葉子製作的香草酒

奧勒岡

山椒

紫蘇

鼠尾草

百里香

羅勒

歐芹

牛膝草

佛手柑

馬郁蘭

薄荷

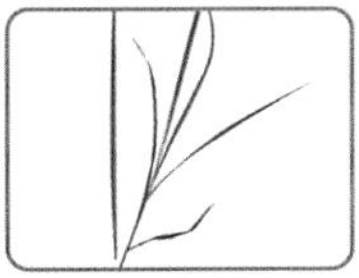
檸檬香茅

迷迭香

香蜂草

利用種子製作的香草酒

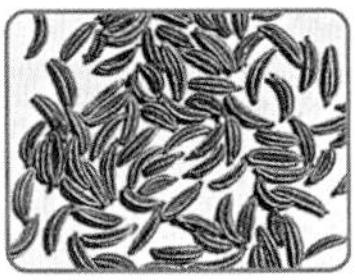
葛縷子

芫荽

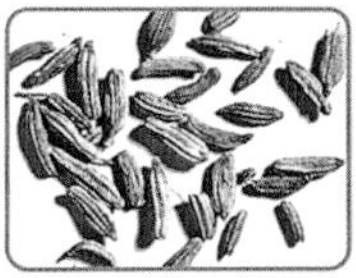
茴香

享受香草浴

香草浴具有放鬆精神、恢復元氣的神奇作用，還有使肌膚潤滑，促進血液循環的效果。請靜靜躺在浴缸，享受香氣氤氳的香草浴，徹底消除一天的疲勞！

新鮮
乾燥

摘一把新鮮的香草

最近市售的入浴劑很多，其中香草類的入浴劑也相當受歡迎。我們可以利用種在家中庭園或陽台的香草當作入浴劑，就能輕鬆享受效果良好的香草浴了。

香草入浴劑只需將一把新鮮香草，置於浴缸中即可。

放鬆心情享受香草浴的話，就會有神奇的效果。事先預備好香花包再入浴泡澡，不但看起來美麗宜人，還可舒緩身心，並輕鬆整理乾淨。

用手帕包裹香草

浴缸的水面上漂浮著薔薇花瓣或薰衣草的香草浴，看起來雖然非常漂亮，但清掃時卻相當麻煩費事。所以可用手帕包裹香草，然後再以繩子確實綁緊，使用起來就會很方便。如此一來，花瓣也不會散落在浴缸中，不但清潔方便還能享受美好的香草浴。

香草浴的入浴法

選用療效互相搭配的香草種類

香草浴會因香草種類的不同而產生相異的效果，所以應選擇效果互相調和的香草。

例如，如果想溫暖身體、回復疲勞，就應選用薰衣草，想舒緩放鬆時則選用洋甘菊。

徹底釋放香草精華

先摘下一把浴用的香草束，用手帕包好香草束，然後用繩子繫牢綁緊。把浴用香草包綁在水龍頭下方，讓熱水流過香草包並儲滿浴缸。也可以放入水中，隨水煮沸後再加入浴缸的水中。

等熱水變溫後，再入內浸泡，效果會更好。

用手帕包住香草束，然後用繩子繫緊。

可舒緩放鬆身心的香草浴

香蜂草

薰衣草

佛手柑

德國甘菊

可恢復元氣的香草浴

檸檬香茅

薄荷

迷迭香

薔薇

有美容效果的香草浴

對日曬肌膚具有舒緩的療效。

金盞花

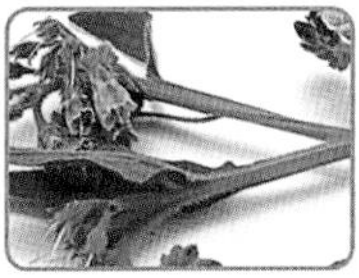

可改善皮膚粗糙無光澤。

聚合草

據說擁有美膚的效果。

香葉天竺葵

製作賞玩香花包

香花包本來是裝在瓶中，並將香草、花、香料、果實、樹木果實、木片、地衣等物混合成熟後，用以增添室內香氣。一般都是將香草乾燥後，置於密閉容器中熟成使用。可用於防蟲，也能將其放在睡枕和寵物玩具中。

新鮮
乾燥

＊　＊　＊　＊　＊

將薰衣草置入枕頭中

用香草製成的香花包，在日常生活裡，原本就是具有療效的人氣物品。

像是具有安眠效果的薰衣草，可分裝成小袋的香花包，置於睡枕下使用。

將具安眠效果的香草裝入小袋，置於枕頭下就寢，即可放鬆身心，促進睡眠。

櫥櫃中放入荊芥和薰衣草

分裝成小袋的香花包稱爲香包。香包可置於櫥櫃防蟲、防臭，也能放在皮包中。

而荊芥、薰衣草、廣藿香等香草都具防蟲的效果。荊芥和貓薄荷都是貓咪喜歡的味道，可將其填充到鼠形玩具中，供貓玩耍。

【香花包的製作方法】

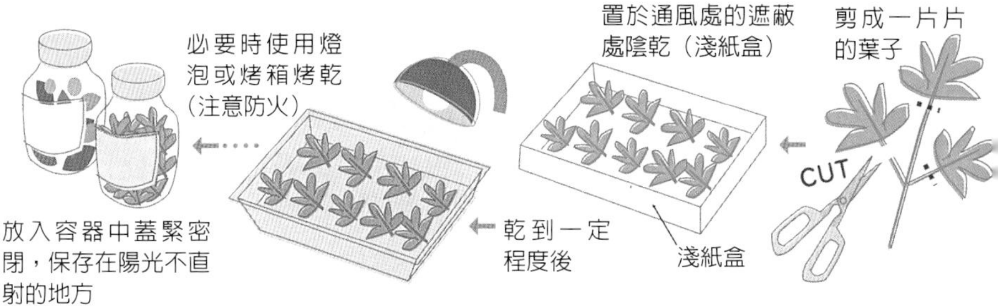

置於通風處的遮蔽處陰乾（淺紙盒）
剪成一片片的葉子
必要時使用燈泡或烤箱烤乾（注意防火）
CUT
放入容器中蓋緊密閉，保存在陽光不直射的地方
乾到一定程度後
淺紙盒

可製成睡枕用香花包的香草種類

【製作方法】

將寬緞帶折成3折，用縫紉機將兩側縫合，簡簡單單就做成一個小袋子。然後再從中間的開口裝入小香包。

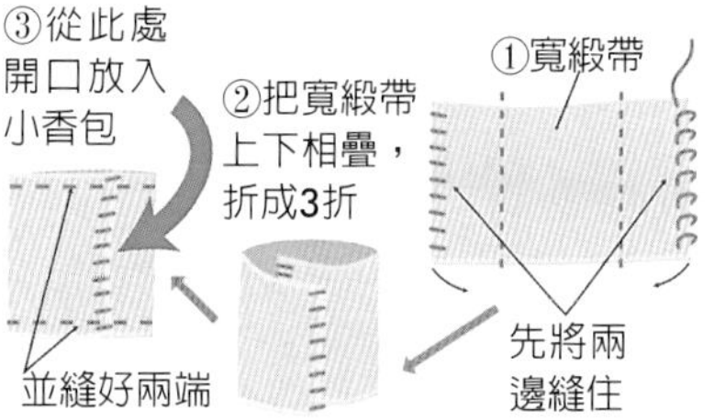

③從此處開口放入小香包
②把寬緞帶上下相疊，折成3折
①寬緞帶
先將兩邊縫住
並縫好兩端

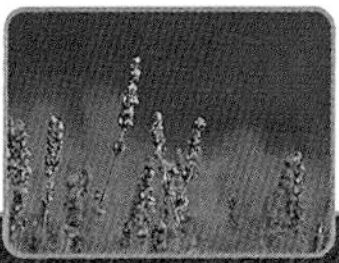
薰衣草

除了將小香包裝入袋中置於枕下外，還可放在皮包中。享受香花袋散發的迷人香氣。

可製成櫥櫃用香包的香草種類

荊芥

薰衣草

廣藿香

享受迷人的香味

把香草的迷人香味帶入生活的每一個角落吧！如此不僅能讓空間中瀰漫清新氣味，更能使我們鎮靜安心。除製成香花包及芳香精油的利用法外，其實還有更簡單方便的使用方法。

新鮮
乾燥

＊ ＊ ＊ ＊ ＊

用香草的芳香氣味創造室內的魅力

如果想使自己的心情放鬆，或讓室內空氣更爲清雅怡人時，都可以利用香草植物的芳香氣味，創造室內的氛圍。

若使用香草創造室內香氣時，可將香花包置於碟子類的容器中散發香味；也可將市售的芳香精油置於專用薰香壺上散發香味。另外還能將香花包盛裝在漂亮容器或是喜好的花籃中，作爲室內的裝飾品。

利用新鮮的香草

即使不使用芳香精油，也能利用香花包和新鮮香草來享受迷人香味。

將香花包或新鮮香草放在耐熱的容器中，加水後置於薰香爐或薰香壺上溫熱底部，當水溫逐漸加高時，迷人的香氣將會盈滿室內。

將乾燥香草、新鮮香草、香花包放在耐熱容器中，用薰香爐或薰香壺加熱，就能使香氣彌漫在房間四周，你可以挑選喜歡的香草種類，或自己組合各式香味。

用緞帶將莖條束起的薰衣草香棒。

可品味迷人香氣的香草種類。將薰衣草、迷迭香、薄荷等香味植物混合後，置於容器中，加水後放在香爐或芳香壺上溫熱，就能逸出怡人的香味。

除臭效果優異的香草

玫瑰

迷迭香

薰衣草

具有放鬆效果的香草

薰衣草

德國甘菊

錦葵

茴藿香

荊芥

香蜂草

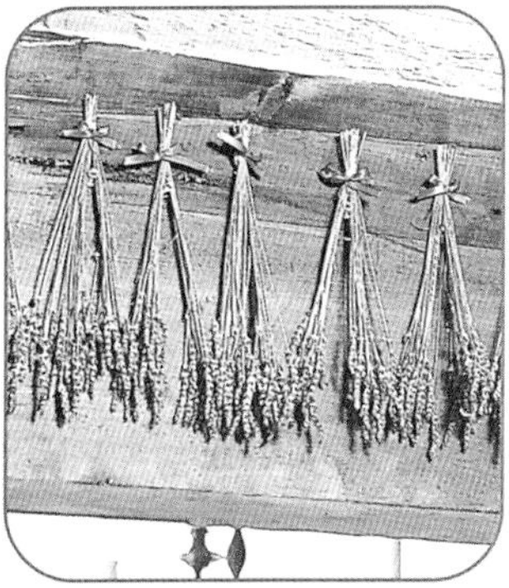

將採收的香草吊起，每當風一吹過，就會飄出淡雅香氣。

可提振元氣的香草

胡椒薄荷

迷迭香

檸檬香茅

薔薇

將香草作為香料使用

雖說為料理增添風味，是香草最為人所熟知的利用方法，但這個利用方法也比較難以運用自如。不過，其實它並不難，只要將香草切碎拌入沙拉，或散撒於義大利麵或比薩上，就能輕鬆享用香草的風味了。

新鮮
乾燥

沙拉中可拌入芝麻菜、藥蜀葵、薄荷、金蓮花、等各種新鮮香草。

將新鮮香草切碎後拌入沙拉

超市一般都售有百里香、奧勒崗、歐芹等各種小瓶裝香料。這些香料常被使用於三明治等料理。不過，我們也可以嘗試使用我們自己培植的新鮮香草。

自己栽植的香草與市售的香料其實並沒有差別。例如採摘一枝歐芹切碎後，就會發現它具有市售商品所沒有的香氣和豐富養分。

剛開始，我們可嘗試選用羅勒、芝麻菜，將其洗淨後用刀切碎加入沙拉中。當逐漸瞭解味道與個別風味後，就能更加活用這些美味的知識了。

收穫後使其乾燥

將百里香、羅勒、薄荷等香草個別採收數枝束起後，置於通風處吊起風乾。等完全乾燥後，移到能密封的容器中保存。不但能作爲義大利麵的香料，也可以當作香草油和西式香草醋的原料使用。

可放入沙拉中享用的香草 花

金蓮花

特色在於辛辣的味道。

鼠尾草

可作為美麗的彩飾。

香葉天竺葵

散撒於料理上會是美麗的裝飾，味苦。

芝麻菜

可享用帶芝麻香的花朵。

可放入沙拉中享用的香草 葉

羅勒

與番茄的組合最為協調。

薄荷

帶有清爽的馨香。

香蜂草

有檸檬味，可乾燥後混合使用。

芝麻菜

可享受芝麻的味道。

可加入義大利麵和比薩中的香草

羅勒

加入各種義大利麵都很美味。

奧勒岡

適合與起司和番茄的組合。

馬郁蘭

是義大利風味不可或缺的味道。

歐芹

輕鬆易得，有各式各樣的用法。

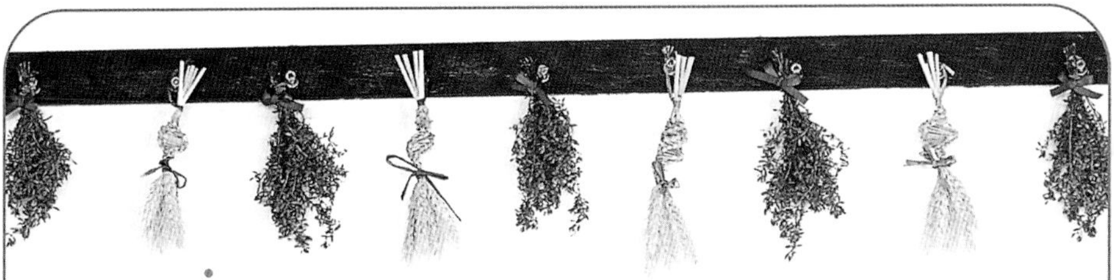

將採收下來的香草束起垂吊，巧思多加以變化排列方法，也能美化居家環境。

用於製作麵包和點心

只要吃一口香草麵粉所烘烤的麵包和餅乾，就能嘗到更為特殊的迷人風味與香氣。若已吃膩了平常的麵包，你可以試著用混有香草的奶油烤製土司，變化出姿態各異的外觀。雖然比一般作法稍微費事，但可利用休假，親自嘗試烘烤各類香草麵包！

新鮮
乾燥

用迷迭香烤製的蘇打麵包、羅勒麵包、百里香餅乾、百里香奶油。

以喜好的香草烘烤

烘烤麵包或餅乾時，只需加入迷迭香、英國薰衣草、羅勒等喜好的香草，就能享用更加豐富的香氣與味道。香草的加入量及材料組合可隨自己的喜好調整。麵包發酵前就要摻入香草，而香草餅乾則是需與麵粉混合後再烘烤。

製作香草奶油

若想更輕鬆地享用香草麵包及香草餅乾，可製作香草奶油。

材料可選用百里香、法國龍蒿（龍艾）、細香蔥、茴香、迷迭香等自己喜歡的香草，並準備一塊約兩百公克重的奶油。混入數種香草或單用一種也可以。先將奶油置於室溫下軟化，再將切碎的與香草充分拌入，放入可密封的容器中，用保鮮膜完全包緊後放入冰箱中凝固。

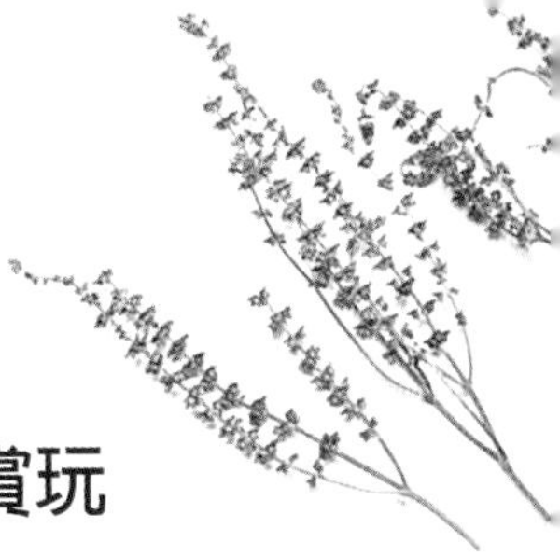

仔細整理就能長期收穫賞玩

香草的栽培方法

2

【收穫、剪枝、移植etc.】

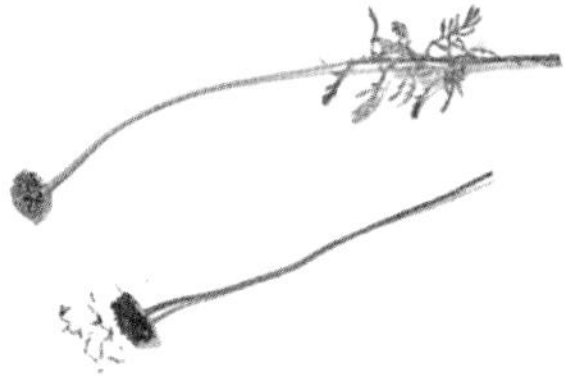

香草開始生長後，可根據香草的外形開始整理的工作。整理或採收香草時，只需進行剪枝、枯葉摘除等簡單的程序，就能一邊種植觀賞，一邊享受收穫的樂趣。

整理香草的外觀與姿態

培育方法4——整枝的方法

若任植株枝葉恣意生長，會使香草外觀顯得雜亂，甚至枯黃衰弱，所以務必進行整枝處理，才能避免上述情況發生。
剛開始進行整枝作業時，可能覺得不太容易，但只要牢記作業秘訣就會很簡單。

1 牢記整枝作業的秘訣

務必於緊鄰節處上方剪除莖與枝

於初夏及初秋時節進行

所謂「修剪整枝」，就是指將枝條剪除的整理作業。因爲此作業可使香草盡快恢復元氣，所以要剪除已生長得生氣盎然的植株時要大膽進行，以促使香草多加分枝，形態也會變得更好看，更能讓收穫增多。

整枝時期要隨香草的種類而定。如果是多年草本植物的話，大多是在初夏或初秋進行。

兩個作業重點

初夏是香草生長勢良好的季節，作業前應先記住兩個要點。

第一是剪除枝條時，需從緊鄰節處上方剪除。所謂「節」，是指從枝生出葉的部分，也是持續生長之處。從節處會不斷生出新芽，所以應從上方剪除。

另一點則是，每剪除一枝莖條時，務必留下2～3片的葉子。

若將所有的葉子全都剪除，可能會有某些種類的香草整株變得衰弱，甚至枯萎。

若能遵守這兩個要點的話，一般來講是不易失敗的。

保留節上的枝條，才能避免生長停頓。

一定要從緊鄰節位處剪除莖、枝，注意要保留部分葉子。

2 進行摘心作業以增加分枝數量

摘除苗尖可促進側芽伸展

將羅勒、香蜂草、薄荷的頂芽摘下後，在葉腋處會長出新芽，枝條數目也會增多。不但能得到更多收穫，同時也可賞玩香草的整齊外型。

而此時，若苗已育成也長出5～6片的本葉後，可將苗株頂端予以摘除，這個作業稱之爲「摘心」。

可用手直接進行摘心作業，也能以剪刀進行作業。

注意摘取時，不要過度向上拉扯，以免傷及植株。

① 作業前

羅勒苗株已長出約6枚本葉，此時即可進行第一次的摘心作業。

② 摘除前端

用手指摘下羅勒苗株的前端。

作業後

摘心後葉腋部位會長出新的嫩芽，莖數也隨之增多。這個新莖於不久後長出4～6枚葉子時，即可再次將頂葉摘除，促使枝條增生。

MEMO

摘花作業後可增殖枝條的香草種類

茴藿香、奧勒岡、大葉假荊芥、荊芥、貓薄荷、豆瓣菜、紫蘇、鼠尾草、天竹葵、百里香、羅勒、牛膝草、小白菊、金盞花、檸檬馬鞭草、香蜂草、迷迭香。

3 修剪生長茂盛的香草種類

進行香蜂草的剪枝作業，促使通風良好

通風不流暢會使植株枯黃

不僅是香草，大多數的植物都不喜歡通風情況惡劣的環境。當枝葉重疊擠壓時，苗株內側會發生採光不佳，空氣不流通的情形，而導致此處逐漸枯黃凋萎。所以，在植株衰敗前，要趕快進行疏剪作業，將植株整體都修剪得短些，並同時整理香草的外形與姿態。此時的作業也可順便收穫利用修剪下來的枝條。

MEMO

剪枝方法相同的香草種類

茴藿香、大葉假荊芥、義大利蠟菊、鼠尾草、天竺葵、百里香（直立性）、羅勒、牛膝草、小白菊、佛手柑、薄荷、香蜂草、迷迭香（直立性）。

1 作業前

迎接收穫季的到來，香蜂草的枝葉已長得極為繁盛茂密。

2 剪枝並兼可收穫

苗株內側的通風及日照情況均不佳，在香草重疊擠壓的部分，應從植株基部進行疏剪。

3 剪除枯萎的部分

如果有枯萎的部分，要從根基部剪除。若放置枯枝不管的話，會從此處腐爛後並引起植株病變。

作業後

枝葉間已有足夠空隙，通風情況也變好，剪下的枝條可用來沖泡香草茶，其餘可風乾保存。

4 修剪匍匐性的香草種類

進行奧勒岡剪枝作業預防根基部過於悶熱

向旁擴展的蔓性香草應注意悶熱

百里香和奧勒岡這類的蔓性香草，其接近地面處常有通風不良的現象，也很難保持乾燥清爽，因而導致環境變得極爲悶熱。

如果任其發展，會使香草病變、下方葉子枯黃凋萎，甚至只有枝條前端可留存少數葉片，植株形態也會變差。

所以在枝條過度繁茂前，就要進行剪枝，讓重疊過密的部分疏剪後，通風環境變得更爲良好。

MEMO

剪枝方法相同的香草種類

荊芥、大葉假荊芥、三葉草、蔓性天竺葵、百里香、金蓮花、蔓性薄荷、蔓性迷迭香。

1 作業前

枝葉繁盛擠壓的奧勒岡。植株下方通風及日照均不好，需要進行疏剪作業。

作業後

枝間距離增大，通風情況也變好。也可以將枝條個別對半剪除。

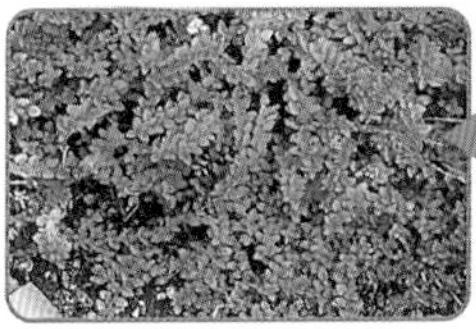

2 對香草根基部進行疏剪

疏剪植株的重疊部分，從香草根基部剪下。若有枯枝，應從基部徹底剪除。

5 疏剪植株並收穫花朵

薰衣草的收穫與剪枝

連莖整枝剪除

薰衣草通常於初夏開花，待其全面開花後，即可進行疏剪作業並收穫。

收穫時，需從地上約10～15公分處剪下。收穫的花朵可作爲鮮花利用，也可捆紮後做爲乾燥花，或做成香花包、工藝飾品。若出現枯萎的枝條時，應立即剪除。

MEMO

剪枝方法相同的香草種類

棉杉菊、牛膝草、迷迭香。

進行薰衣草的剪枝作業時，可整莖一起剪除，順便收穫花朵利用。
從離地面約10～15cm位置剪除，因節位常會互相交錯纏繞，可以不用在意剪刀的位置。

盡情收穫香草吧！

培育方法5 ── 收穫的方法

當親手栽植的香草育成後，千萬不要錯過收穫時節。下面我們會介紹花朵的收穫時期及方法、利用莖葉的收穫法、收穫種子的方法等等。每株香草因使用目的不同，會有各種不同的收穫方法。

1 進行花朵的收穫

採收洋甘菊和琉璃苣的花朵

用手採摘

通常洋甘菊都是採收花朵利用，當看見其花瓣向下盛開、中心凸出時，就是收穫適期了。沒有從莖條剪下採收也沒關係，一般多是從花首部分收穫採下利用的。

用手就能簡單摘取。採摘時，像是要用手心包住似地扶住花首予以採取。注意作業時不要緊扯花朵，而是必須一朵一朵地仔細收穫。

用剪刀進行收穫

因金蓮花和苦苣等香草的花瓣非常柔弱，所以要用剪刀進行收穫。收穫時應從縫隙中伸入，盡量不要碰到花瓣，從花托基部位用剪刀剪下。

MEMO

● 收穫方法相同的香草種類 ●

用手收穫的品種
染料菊、羅馬甘菊。

用剪刀收穫的品種
鼠尾草、天竺葵。

洋甘菊的收穫

① 當洋甘菊的中心向上凸出盛開，花瓣向下張開時，就是收穫適期了。

② 握住花朵下方（花托）部位，用手摘除。

金蓮花的收穫

在離花莖根基部較近的部位，用剪刀剪下。

琉璃苣的收穫

用剪刀將花切除。

苦苣的收穫

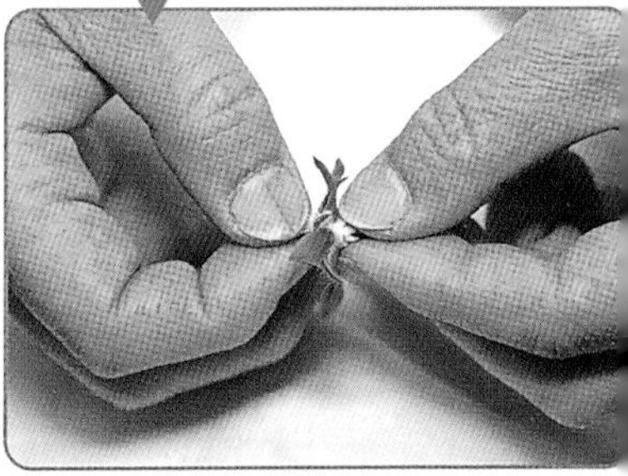

1 扶住花莖，朝上方拔除，即可簡單摘除。

2 因花萼較長，可將其剝除。

2 連花帶莖一起收穫

收穫染料菊和薰衣草的花朵

整枝收穫做成乾燥花

洋甘菊和薰衣草是可用於製作乾燥花的香草，而花穗中開有許多小花的香草種類，則可連莖一起剪除。

剪除下來的花莖可以數枝一捆，風乾後製成乾燥花。

MEMO

收穫方法相同的香草種類

矢車菊、棉杉菊、佛手柑。

薰衣草的收穫

進行薰衣草採摘時，可同時進行疏剪及採收，留下整枝莖條。要盡量留存葉子，並保持植株的通風良好。

染料菊的收穫

於開花期採摘，可同時進行剪枝作業，記得要從苗株根基部剪除。剪下來的枝條可吊著風乾使用。

3 收穫莖、葉並同時進行疏剪作業

收穫迷迭香、薄荷、百里香

於可繼續伸長的葉芽上方切除

若是利用莖葉部分的香草種類時，則是將使用時的必要部分直接切除收穫。

此時，剪除的部位應選擇在會繼續伸長的葉芽上方，同時也能整理香草的形態與外觀。這樣處理後就能使香草伸展側芽，並讓枝條多加繁殖。

百里香的收穫

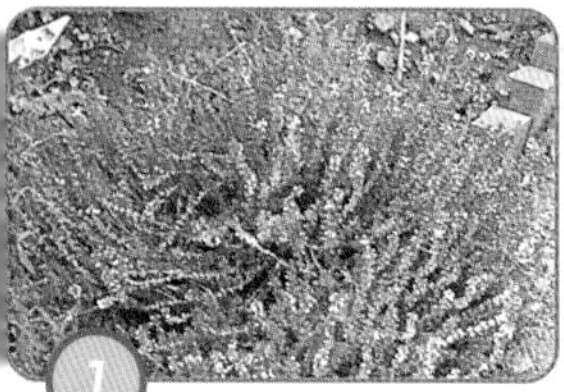

1 枝葉茂盛，生長良好的百里香。

2 扶住欲收穫的枝條，於緊鄰節位上方剪除，或從莖基部整支進行疏剪也可以。

迷迭香的收穫

1 直立性迷迭香的植株。

2 剪除必要的部分。

薄荷的收穫

剪除必要的長度，應於緊鄰節位上方剪除，節處即可再生新芽。

MEMO

●收穫方法相同的香草種類●

奧勒岡、貓薄荷、豆瓣菜、羅勒、紫蘇、檸檬馬鞭草、香蜂草。

4 從根基部收穫葉子

收穫檸檬香茅、細香蔥、茴香

從近地處剪除

檸檬香茅和細香蔥都是葉子從根基部延長伸展的香草種類，而細香蔥之類的香草，還會從根基部附近分蘖出很多枝條，所以收穫時，應從近地面的根基部分進行疏剪作業。

剪除後還會繼續生出新芽，並再度茂盛起來。

芫荽與豆瓣菜之類的香草，則是從葉柄部分收穫整片葉子。用手扶住葉片連柄部分，好像是要剝下東西似的，就可以輕鬆採下收穫了。

MEMO

● 收穫方法相同的香草種類 ●

義大利歐芹、芫荽、聚合草、小地榆、湯芹、細葉芹、蒔蘿、歐芹、茴香、大黃、芝麻菜。

收穫細香蔥

1 收穫前的細香蔥枝繁葉茂。

2 從莖基部插入剪刀，剪除足夠的量。

3 收穫後，切除處會從莖部長出新葉並再次繁茂。

檸檬香茅的收穫

1 已於庭院栽植長大的檸檬香茅。

2 從苗株莖基部剪除足夠的量。

3 如果殘留有莖、葉，最終還是會枯萎，所以應盡可能從莖基部剪除。

茴香的收穫

從枝條莖基部剪除。夏末時，可整枝剪下收穫。

5 根據使用量來收穫

根據不同使用目的收穫羅勒

只需使用少量葉片時

羅勒、薄荷、紫蘇這類經常應用於料理的香草，可根據使用目的不同進行收穫。

而用來爲料理提味時，每次只需幾片葉子，且用手採收即可。

收穫莖與葉時

如果是用來裝飾料理等情況，多是使用莖頂部分。此時則需連莖一起收穫。

採摘莖部頂端部分時，香草的採摘處會繼續生長側芽，並產生分枝。

此外，側枝也能採收利用。

收穫前

羅勒是應用範圍廣泛的香草，根據不同的使用目的，整株香草會有數種收穫方法。

收穫一片葉子

使用量非常少時，可將葉子從葉柄剪下收穫。

MEMO

●收穫方法相同的香草種類●

奧勒岡、薄荷、紫蘇、鼠尾草、香蜂草。

進行摘花作業同時收穫

1

將羅勒植株頂部摘除收穫後，側芽會繼續生長，且分枝數也會增多。如果想整株大量收穫時，可於培育期間進行摘心作業。

2

抓取數枚葉子剪下頂端部位，摘除後的莖葉可切碎利用，也能用來裝飾料理。

收穫側枝

1

側向生長的枝條也可收穫利用，可以從枝條基部剪下。若連葉一起收穫，還會從葉腋長出新枝。

2

摘取下來的枝葉，利用方法大致相同。

收穫後

收穫後還會長出新芽，能夠不斷採收利用。若一次使用量極大，可從地上20公分左右的位置連葉一起剪下使用。

使用量和使用目的

當只使用少量來加入沙拉中時，用數枚葉片即可。裝飾料理時，則可摘下留有4片葉子的枝條。而用於沖泡香草茶和調製料理時，可使用一整枝。

另外，進行剪枝作業，不但能將香草修飾成喜好的外型，還可同時收穫利用。

6 收穫種子

收穫羅勒的種子

修剪取下並使其乾燥

像羅勒那樣，需下一季進行育苗的香草一開花後，盡量不要摘取花柄，靜待一陣時間使其確實結籽。

等花穗終於枯萎、種子熟透之後，連莖一並修剪採下，然後放在通風良好的地方乾燥。

完全乾燥後，將其剝開取出種子。保存種子時應避免受潮。

因種子細小又容易掉落，所以花柄一枯乾，就可以裝入紙袋中，以預防種子掉落。

1 連同花穗一起收穫

開花後，不作任何處理，靜待香草確實結籽。採種時應連莖帶穗一起剪除採下。

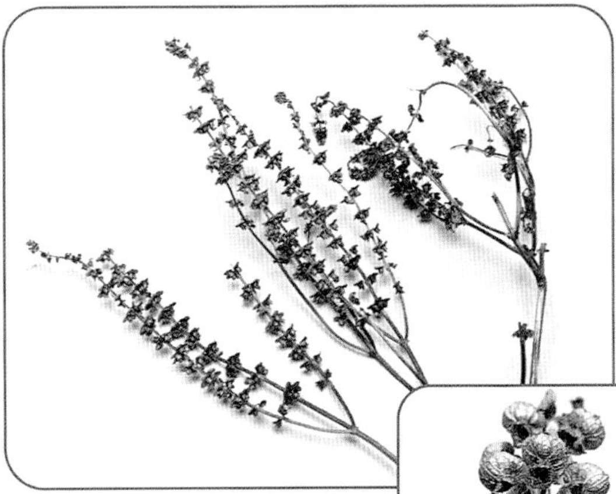

2 取出種子

將剪下的枝條吊掛於通風良好的地方風乾，或攤在報紙上乾燥。待其完全乾燥後，就可從花穗中取出種子了。

這就是種子

從下方仔細觀看，就可見到裏面藏有黑色種子。

MEMO

●收穫方法相同的香草種類●

茴藿香、奧勒岡、葛縷子、芫荽、小地榆、向日葵、紫蘇、德國甘菊、湯芹、牛膝草、茴香、金盞花。

染料菊的收穫

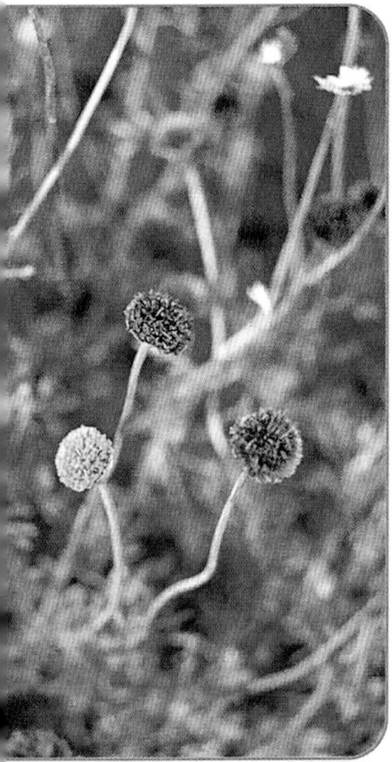

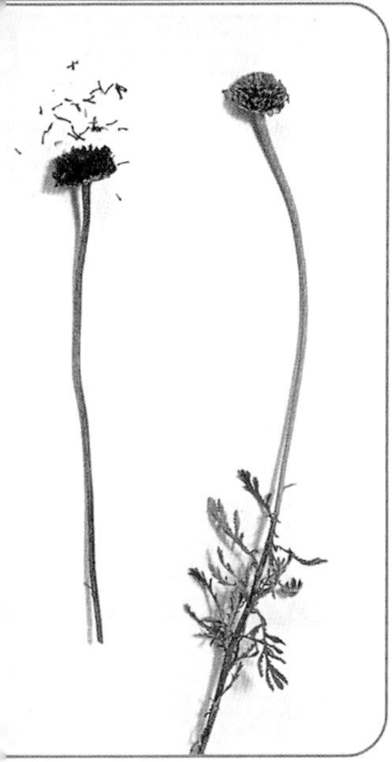

開花後頭狀花序會變成茶色，這就是種子的成熟狀態。此時即可進行收穫並取出種子。

3 搓揉萼片以取得種籽

揉鬆種子外殼後，就可將種子從殼中取出。

4 吹飛外殼

用扇子或紙片將雜物吹飛。

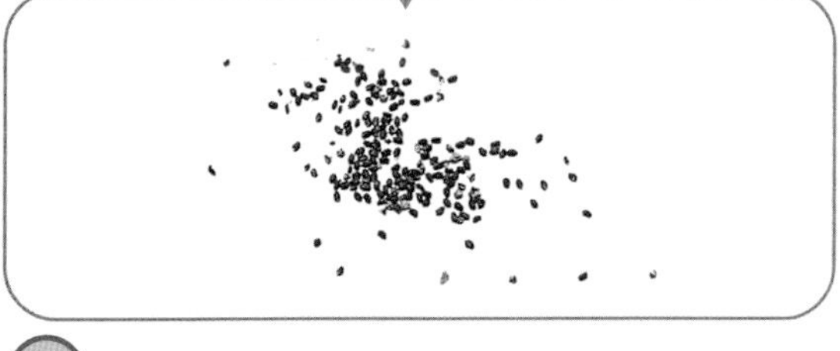

5 收穫

收集留下的種子並予以保存。

7 收穫香草的種子和果實

收穫犬薔薇的果實和茴香的種子

將犬薔薇的果實製成薔薇果

有幾種香草是收穫種子和果實而利用的。其中最有名的就是薔薇果。其實薔薇果並不是香草的名字，而是犬薔薇、朱紅薔薇等原種薔薇的果實。

當原種薔薇開花後可不用採摘，靜待植株結果。花謝後就會結出許多朱紅色的鮮豔果實。讓其充分成熟後，就可進行收穫作業了。

收穫採下的果實可製成調味醬或是果醬。薔薇種子不可曬乾，生鮮取出種子後洗淨，以濕棉紙包裹，外面套上塑膠袋，置於冰箱冷藏室，10～12週後可取出播種育苗。

另外，將其充分乾燥後可壓碎保存，也可以用來沖泡薔薇果的香草茶。

收穫芫荽及茴香的種子

芫荽和茴香的種子可於沖泡香草茶和烹調料理時使用。

因芫荽葉子帶有獨特香味，一般人的好惡會非常明顯；但它的種子帶有檸檬香，所以多數人都很喜歡。

開花後，靜待果實成熟。等果實熟透後，連莖一起採收並掛起風乾，或攤於報紙上乾燥。

完全乾燥後，可採用和羅勒一樣的要領收穫花莖與種籽。

將種子採收保存時，注意要避免陽光直射。同時也要保持乾燥以免受潮。

薔薇果

是犬薔薇等品種的果實，可將之乾燥後壓碎，用來沖泡香草茶。

茴香

種子可用來沖泡香草茶和作為浴用香草使用，具有美容效果。

向日葵

剝殼後雖可生吃，但多是火炒後加入沙拉和麵包中食用。

芫荽

用來烹煮奶油燉菜、咖哩、魚肉類醋漬料理、醋漬蔬菜時均可作為香料使用。

8 妥善保存香草

乾燥後保存起來

活用各種乾燥方法

當採摘大量的薄荷、羅勒、甘菊與香蜂草時，可將幾枝捆紮成一束，再將之乾燥保存。

乾燥的場所，應置於陽光不直射，且通風情況良好的地方。爲保存香草的香味和成分，要盡量選擇短時間即可乾燥的場所。

爲能享受香草的乾燥期，可嘗試選擇各種吊掛方法和搭配的組合。例如可參差掛在牆壁上製造落差美感，或是一同吊於樑柱上，也可以在配置時，錯開香草的種類等等。只要是切實可行的方法，就能輕鬆嘗試各種具美感的搭配。

收穫後置於密閉容器中保存

待香草充分乾燥後，放入儲藏瓶中妥善保存，再置於陽光不會直射的場所，冷藏保存也可以。

MEMO

●收穫方法相同的香草種類●

收穫莖和葉

茴藿香、義大利歐芹、奧勒岡、大葉假荊芥、荊芥、貓薄荷、芫荽、小地榆、山椒、綿杉菊、湯芹、鼠尾草、香葉天竺葵、百里香、法國龍蒿（龍艾）、細葉芹、細香蔥、蒔蘿、蕺菜、歐芹、羅勒、牛膝草、茴香、薄荷、檸檬香茅、檸檬馬鞭草、香蜂草、迷迭香。

收穫花

阿拉伯茉莉、矢車菊、番紅花（雌蕊）、德國甘菊、佛手柑、金盞花、薰衣草、羅馬甘菊。

收穫果實和種子（作為香草使用）

葛縷子、芫荽、向日葵、玫瑰。

進行香草的移植換盆作業

培育方法6——移植的方法

香草的生長一般都非常旺盛，只要栽植於花盆中，根系會很快就擠滿花盆。若任其自然發展，會沒有足夠的生長空間，反而使苗株的生長勢變弱。所以我們可將植株移植換到大一號花盆中，並進行分株的栽培作業。

1 注意適當的移植換盆時機

當根系長滿時即為移植換盆適期

若不移植，植株生長會變弱

因種在盆中的株根系生長空間有限，所以若長時間栽植於同一個花盆內，根系會佔滿整個花盆，且負責吸收養分的新根系也毫無伸展空間，植株的生長勢會因而變弱。這時，就應該進行移植換盆作業了。

檢查葉子的狀況

當植株佔滿整個花盆後，植株與花盆的比例會失衡，這就是進行移植換盆作業的信號。此外，當植株的下位葉及葉尖開始枯萎、根系從盆底竄出時，應立刻進行移植換盆作業。

移植換盆作業的適當期間爲春、秋二季。除了開花中的植物外，其餘應適時進行會較好。至少應換種在大一號的花盆中。

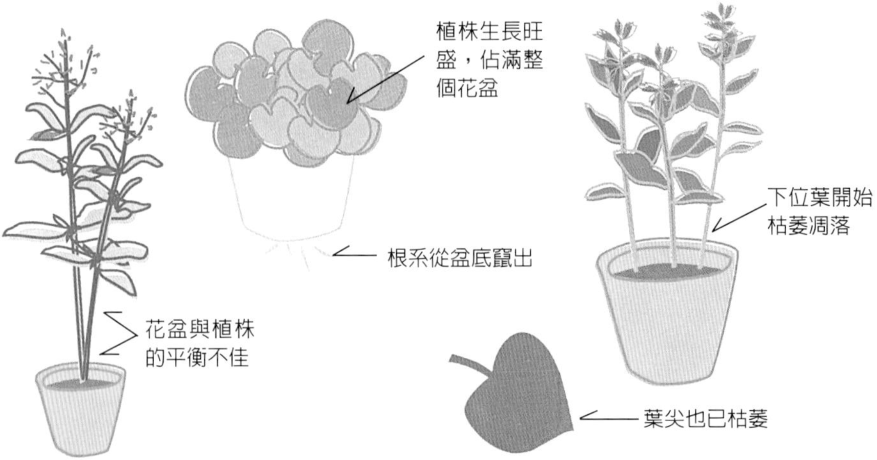
植株生長旺盛，佔滿整個花盆
根系從盆底竄出
下位葉開始枯萎凋落
花盆與植株的平衡不佳
葉尖也已枯萎

2 多年生草本灌木性香草的移植換盆

將迷迭香換到大二號的花盆中

剪除盤纏於盆中的根系

將發育良好、佔滿整個花盆的迷迭香移植到大一點的花盆吧！

迷迭香的苗株雖然第一年長得並不茂盛，但從第二年後，會開始逐漸長大，且生育情況也很良好，所以最好移植到大二號的花盆裡。

當根系發育過快，在盆底盤根錯節時，用剪刀將纏繞的多餘根系剪除，此舉雖然會破壞一小部分根系，但不會造成生長的障礙。進行移植換盆作業時，要注意勿損及根系其他部分。換盆後要充分澆水，置於陽光充足的場所栽植。

若隨時都是潮濕的狀態，會使根系無法伸展，所以只需在表土乾燥時才給水。

1 準備工具、資材

移植用花盆、培養土、缽底石、缽底網、鏟子、木片。

2 選用大2號的花盆

準備大1至2號的花盆。因迷迭香屬生長發育佳的香草種類，所以最好選用大上2號的花盆。

3 扶住苗株根基部

從花盆中取出苗株時，用手托住植株的根基部

4 從盆中取出苗株

將苗株往手扶的方向傾斜，從盆中取出苗株。

5 鋪上缽底網

準備新花盆。

6 放入缽底石

不使缽底網滑動，並放入缽底石。

7 放置盆底石

放入約盆高1/5~1/6的缽底石

8 回填培養土

在缽底石上倒入培養土。

應視根系大小來決定培養土的量，且必須事先留下足夠的容水空間。

9 將迷迭香移入新盆中

取出迷迭香植株後，植入已鋪上培養土的新盆中央位置。若根系還是太大，可剪除一部分，植株會很快適應新的土壤環境。

10 調整植株根基部高度

調整植株根基部高度，記得要保留2公分左右的容水高度。太高的話就取出一些培養土，太低時則應補足。

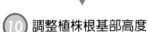

11 補入土壤

用培養土填滿根系和花盆間的空隙。

12 將土填滿

用土將花盆空隙填滿，這個階段可將土加至盆緣。

13 將土搗實

用木片將培養土和根系間的土壤輕輕搗實，使土壤及根系間密實無空隙，注意切勿傷及根系。

14 放置肥料

搗實後陷落的部分用土補足，最後再撫平土壤表面。移植後則施予緩效性肥料，於近盆緣處平均施放5～6顆為宜。

完成!

移植完成。移植後應置於不受強風吹襲之處管理，約過一週後再移至陽光充足的地方培育。

進行香草的分株作業

培育方法7── 分株的方法

當香草植株逐漸長大，佔滿整個花盆時，可依據不同種類，採取分株的方法移植。雖然對於初學者來說還是有點困難，但只要不錯過適合的季節，就不會有太多問題，讀者們不妨嘗試進行分株作業。

1 注意適當的分株時機

花盆容量不夠時就要分株

葉尖枯黃時

分株是繁殖多年草本匐匍性植物的方法之一。從苗株自然分隔的部位剪成幾株，再分種於不同的花盆中。

能否採用分株的方法繁殖要依香草的品種而定。當花盆過小、葉子變黃、下位葉脫落、葉尖枯萎時，就是進行分株的適當時機了。

用剪刀剪下

分株時，應從莖條自然分開的位置切開，並不會很難，秘訣在於需用剪刀斷然地剪開植株基部莖與莖之間相連的部分。如果不用剪刀剪開，而是用手撕開的話，可能會傷及根系，難以恢復，且植株的生長勢也會變差。

分株後，將剪好的植株分別置於較大的花盆中定植，隨後再以一般方式進行管理。

香草的分株

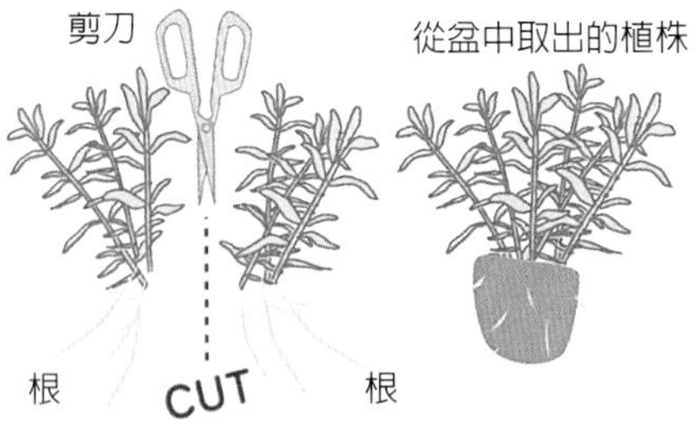

MEMO

●可用分株法繁殖的香草種類●

貓薄荷、荊芥、豆瓣菜、聚合草、小地榆、香堇菜、細香蔥、魚腥草、小白菊、佛手柑、馬郁蘭、薄荷、大黃、斗篷草、香蜂草、檸檬香茅、羅馬甘菊、俄羅斯鼠尾草、野草莓。

2 進行多年草本植物的分株作業

將香菫菜分成2株

從分開的位置切開

現在，我們就來進行已佔滿花盆的香菫菜分株作業吧！將苗株從盆中取出後，輕敲土團，使根系露出，選取容易分株的位置，將其分成2株，並將其置入事先備好欲分株數量的花盆定植。定植方法與幼苗的方法相同。從盆中取出植株前，最好就能估算分株的數量及大小，先做好移植前的準備工作。

定植後要施肥，且充分澆水。隨後應該放置在日光不直射處約一週，等香草的生長勢恢復後，再移到適當的位置栽植。

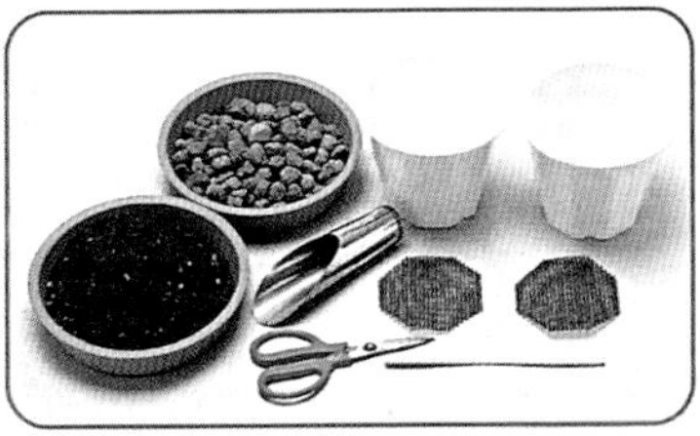

1 準備工具、資材

移植用花盆（小一號）、培養土、缽底石、缽底網、鏟子、剪刀、木片。

2 要準備2個小一號的花盆

根據香草的根系大小及植株狀態決定分株後的數量，再準備同數量的花盆。這裏因分成2株，所以選用了2個小一號的花盆。

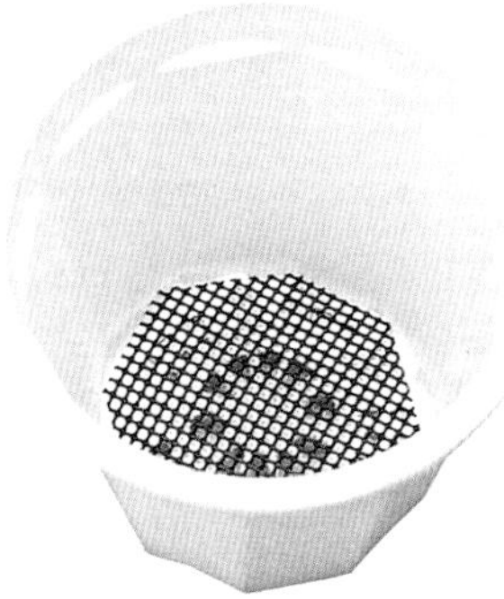

3 放入缽底網

把事先準備的新缽底網放在花盆底部。

4 鋪上缽底石

於盆中各自鋪上缽底石。缽底石高度約為盆深的1/6。

5 填入土壤

在各個花盆中填入培養土。

先填入盆深1/3左右的土壤。

6 從塑膠盆中取出植株

一手扶住植株的基部，另一手托住盆底，輕敲地面。讓膨滿的根系和花盆間產生空隙，再將之鬆動取出。

稍微搖鬆團土，用手扶住苗株根基部，從傾斜的花盆中取出苗株。

取出苗株就可看到膨滿的根系，且土團與根系也已固定成花盆的形狀，這個狀態就稱之為「根團」。

7 分解根團

仔細觀察植株根基部，在可分開的位置插入手指後，將「根團」分開。

8 分開根系

注意不要用力硬扯，而是要從能自然分開的位置拉開。

9 用剪刀剪除粗根

用剪刀剪除相連接的粗根部分，如此對香草的傷害會比起硬扯來得少些。

10 分成2株

不要將土團弄得太散，只需抖落自然掉下的土粒即可。

11 定植於準備的花盆中

將分好的苗株各自放入事先準備好的花盆中，並將位置調整在盆中央。

12 填入培養土

用培養土填實根系和盆緣間的空隙。注意苗株栽入時應垂直，並留有2公分左右的容水空間。填土時應扶正花苗再填土。

13 將土搗實

將新填入的土壤用木片搗實。因空隙搗實後土壤會產生陷落，所以要用培養土補足，並撫平土面。

14 施肥

於平均位置施予緩效性肥料。

完成！

另一個盆也以相同程序進行定植作業。作業完成後充分澆水一次，置於陽光不直射的明亮處管理，約過一週後，再移至適當場所。

為長高的香草架立支柱

培育方法8——架設立柱的方法

當香草植株長高時，遇到強風就容易出現倒伏的情況。為了不傷及植株的莖葉，我們可架設立柱來支撐植株，就能防止出現倒伏發生。而已長大發生倒伏的香草植株，也可藉由架立支柱來整理，讓香草的外觀重新展現新活力。

1 瞭解支柱的作用

除能防止倒伏外，也可整型

只要能支撐植株，任何物品均可使用

支柱一般都是預先架好，用來支撐香草植株的成長，還能夠預防倒伏。

雖然市面上都買得到支柱，但只要能使莖株不倒伏，任何材料其實都能使用。像是樹枝、竹竿等都是不錯的選擇。

架立支柱的方法應以香草的大小及外形爲基準。若是大型植株，應於周圍設置數根支柱，再用繩索或橫枝連接撐住枝條。只有單一枝條時，即可獨立支撐，如果是多個支條，則應個別固定在支柱上較佳。

各種支柱

2 當植株長高後就要架立支柱

為安地斯鼠尾草的植株架立支柱

將莖直接綁在立柱上

藤本或莖部細長的香草容易倒伏，所以長到某個程度時，就應架立支柱，以誘導植株發育。

如果莖的數量並不多，可以一莖一支架設。莖部若綁得太緊，可能會傷及莖部，更因莖部逐漸發育，而可能使繩子陷入莖部中，所以應適當地繫綁即可。

1 作業前

安地斯鼠尾草的盆栽。莖葉細長向外擴散，非常容易倒伏。

2 架設立柱

每一隻枝條都架立支柱。如果植株根系長得過密，支柱難以插入時，則可在離根際稍遠處設立。

3 將枝條固定在支柱上

在枝條和支柱間交叉綁上繩子，結成8字形，可減少枝條與支柱摩擦造成傷害。

作業後

接下來用相同方法架設支柱，以撐住搖晃的莖條。

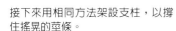

3 用支柱重新整理支撐倒伏的香草

整理俄羅斯鼠尾草

用支柱圍住苗株

因受強風吹襲或颱風過後，大型香草常會出現倒伏的情況，這時要扶起植株，架上支柱，重新整理香草的外觀。

對於枝數較多的大型香草，應在香草周圍設立多根支柱並綁上繩子固定，將植株圍在中間以支撐香草的生長。

將香草全都圍在中間後，再剪除已倒伏的受傷部分及重疊的莖葉。

1 作業前

因香草株型過大，受風雨影響而倒伏的俄羅斯鼠尾草。

2 架設支柱

在植株周圍架好4根支柱。注意應深插於土中，使其不易倒下。

3 用繩子綁紮固定植株

把繩子綁在架好的第一根支柱上，圍住枝條後再綁紮於第二根支柱。

於第2根支柱纏繞一週並圈起莖條，再把繩子纏在第3根柱子上，接著依序進行上述的方法。

如果多增加一根立柱，都以同樣方法纏繞一圈綁紮繩子固定。

4

對倒伏的受傷枝條及相互重疊的部分進行剪除的作業。

完成！

稍加整理後，呈現煥然一新的姿態。

使用香草

12種創意的合植方案

合植的基本方法是將性質相似、喜好環境相同的香草種植在一起。然後根據香草的形態和株高決定整體的設計及配置。

這裏是根據花盆種類的不同，提出各種合植方案。我們會在設計類型上將定植位置以①－⑤的號碼表示。同時把該號碼的香草作業時期標示在栽培年曆中。圖表中的香草名稱若於中途改變，即表示可隨季節進行移植替換。

瞭解合植的基本設計概念和香草選擇要點後。讀者就可依據自己的想法來安排各種創意組合了。

1. 圓型花盆

小型花盆（6～7吋）

●設計類型

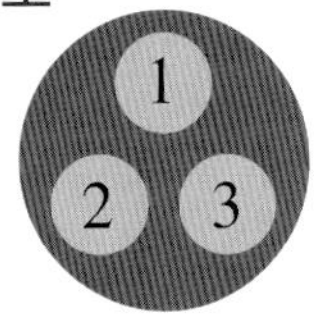

這是一款於圓形花盆中合植3種香草的設計方案。因為是3株香草，所以株高部分以高、中、低3個階段來組合；而香草的外形及姿態則是依直立型、分枝橫向擴展型、蔓性或茂盛型植物等3種類型組合。

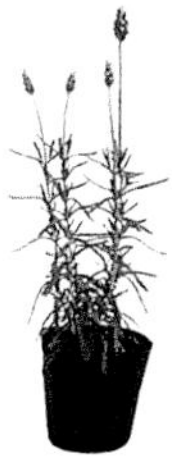

●方案1　長期欣賞多年生香草植物

由於都是多年生草本植物，來年仍可欣賞同樣的植株。株型較高的薰衣草放在後面，中間為大葉假荊芥及蔓性百里香。每一種開花後都需進行剪枝作業。

一年生香草的生長季節結束後，可於來年替換種植新香草。選擇時應選用性質相同，姿態相似的香草種類。替換時，應注意切勿傷害到已種好的香草根系。

	春	夏	秋	冬
①薰衣草	→（開花）	→	→（育苗）	→
②百里香	→	→（開花）	→（育苗）	→
③大葉假荊芥			→（育苗）（開花）	→

●方案2　一年生香草和草花植物的組合

一年生草本植物和草花植物的組合，可於春秋兩季享受替換種植的樂趣。

只要一點點歐芹，就能為料理增添風味與色彩，合植於此組合中也有彩飾的效果。

	春	夏	秋	冬
①	→（開花）	馬齒莧（定植）→	芫荽 →	→
②	→（開花）	紫蘇（定植）→	香菫菜 →	（開花）→
③	→（開花）	薄荷（定植）→	歐芹 →	→

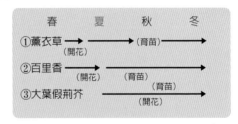

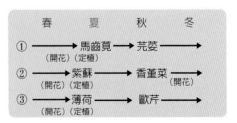

大型花盆（8～10吋）

●設計類型

選用大一點的圓型花盆進行組合，將株型較高的植物種在中央位置，前方則選用高度低的香草，後面則種植次高的香草。從四個方向看過去，可於對角線上（②和⑤，③和④）種植相同種類的香草。

與小花盆相比，大型花盆中的水分較不容易乾，所以當種植喜好乾燥的香草時，記得要選用排水良好的培養土。

●方案3　以薔薇為主考慮相容性

中央位置種植薔薇，後方則是與薔薇相容性佳，且不易有病蟲害的薰衣草、香葉天竺葵。正面種植同屬薔薇科的草莓，記得要用深一點的花盆種植。薰衣草需在花謝後進行剪枝作業，而香葉天竺葵則是在初夏和秋天剪枝，如此即能保持清爽整齊的外形。

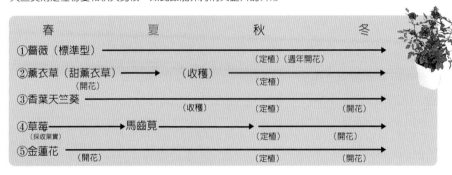

春　夏　秋　冬

①薔薇（標準型）→（定植）（週年開花）

②薰衣草（甜薰衣草）（開花）→（收穫）→（定植）

③香葉天竺葵→（收穫）（定植）（開花）

④草莓（採收果實）→馬齒莧→（定植）（開花）

⑤金蓮花（開花）→（定植）（開花）

●方案4　製成沙拉和茶飲，充分享受香草的樂趣

組合一年生和多年生的植物種類，大量培育可用來製作沙拉和茶飲的香草。芝麻菜適期結束後可改種羅勒，如此來年就能再次收穫。金蓮花適期結束後也可選種次年春天採收的香董菜，更能增添色彩與香氣。薄荷應種於大一些的花盆中。為抑制地下莖的蔓延拓展，應不斷收穫、仔細剪枝，不要讓苗株長得太大。

春　夏　秋　冬

①（採收）→羅勒（採收葉、花）→芝麻菜（定植）→

②薄荷（修剪採收葉）→（定植）

③（採收葉、花）→小地榆→（定植）（採收）

④→金蓮花（定植）（開花）→香董菜（定植）（開花）→

⑤（開花）→水果鼠尾草（採收葉片）→百里香（定植）（採收葉）→

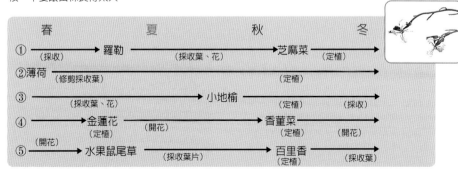

1. 長型花盆

小型花盆

●設計類型

小型的長方形花盆可置於陽台等場所，尺寸大小也很容易使用。

只要在陽台或小空間中就可種植賞玩，非常方便。

後方中央應種植較高的植物，正面的兩側則種植低矮或匍匐性的香草植物。像這樣種成山型的組合是最容易整理的。

●方案5 喜好乾燥的香草

小型的長花盆土壤較容易乾，所以應選用喜好乾燥環境的香草。

當綿杉菊花謝後應進行剪枝。小地榆雖然可長得稍大。

百里香選用直立性或蔓性都可以，採用大苗可在栽種後，當季即享受到採收的樂趣。

	春	夏	秋	冬
①	──────→		綿杉菊	（定植）──→
②	──────→		小地榆	（定植）──→
③	──────→		百里香	（定植）──→

●方案6 從初夏至秋天都很活躍的料理用香草

雖然並非每天都需大量採收，但隨時都可用上一點點，像這樣由各式料理香草組合而成的迷你花園也是很不錯的。

兩側種植較高的羅勒和紫蘇，中間則是斑葉薄荷，外表呈谷型結構，注意植入斑葉薄荷要時稍微往前。這些香草植物除能增添沙拉風味外，也可用來裝飾料理。

如果羅勒和歐芹的生長期結束後，可以改種冬季至春季都能生長的香草，等春季來臨，就再次改為栽植新的薄荷、羅勒、紫蘇的幼苗。

春	夏	秋	冬
①紫蘇 ──────→			
②斑葉薄荷 ──────→			
③羅勒 ──────→			

●方案7 將生長於陽光不直射處的香草合植在一起

這些香草種植時不要讓陽光直射，只要一點空間或是大一點的長花盆，就可以輕鬆嘗試將它們合植在一起。

細葉芹、細香蔥和湯芹常種在陽光不直射的地方，只要一些，就是生活的料理好幫手。

細香蔥和湯芹若中途不改種，賞玩期會較短。

	春	夏	秋	冬
①	（開花）──────→		細香蔥	──→
②	────（開花）──→		歐芹	──→
③	────（開花）──→		湯芹	──→

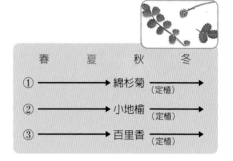

大型花盆

●設計類型

我們也可以將大型的長花盆當作是縮小的庭園。除選用多年生香草外，也可組合各種一年生香草和草花植物，如此就能讓同一個花盆隨季節展現不同的氣氛。

另外，依左圖所示位置種植苗株，後面擺放株高較高的香草，兩側和前方則植入高度較低的香草，或是枝葉茂盛的蔓性草花植物也可以。

●方案8　喜好營養豐富土質的香草種類

大型的長花盆因能裝入大量土分，所以能夠蓄積大量營養，也就可以栽種各式喜好營養土質的香草了。當德國甘菊生長期結束後，我們可改種千日紅等草花植物。等德國甘菊生長季開始後再重新植入。而羅勒之後也可試著改種冬天至春天都能欣賞的一年生草花植物，等生長季節一到，再改換種植羅勒。

春　夏　秋　冬

①→（開花）（結籽）→鳳梨鼠尾草（開花）→時蘿（開花）→
②→（開花）→千日紅（開花）→德國甘菊→
③羅勒（採收葉花）→馬郁蘭（採收葉片）→
④→（開花）→皇帝菊→斗篷草→
⑤→（修剪採收）（修剪採收）→香蜂草→

●方案9　種植可愛的茄果類植物

因台灣氣候較為炎熱，所以讀者們可視所在地的氣候情況來決定這個方案的內容。

番茄、彩色甜椒、茄子等都是很受人們喜愛的茄果類植物。一起栽種時，應注意選用與茄果類植物相容的檸檬萬壽菊或金蓮花。因為據說有驅蟲及有益生長的效果。

茄果類株型高大，栽培時必須架立支柱，且需選擇W30×H40×L75的大盆來栽培。

琉璃苣的生長期結束後，可在秋天重新改種新苗或配以草莓做鋪地植物。

春　夏　秋　冬

①→（修剪）（開花）→檸檬萬壽菊（開花）→
②→羅勒→小番茄（結果）→
③琉璃苣（開花）→琉璃苣（開花）→
④→黃秋葵（採收）→蛋茄（結果）→
⑤金蓮花（開花）→細香蔥（採收）→

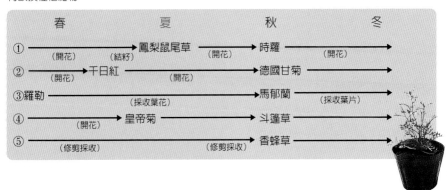

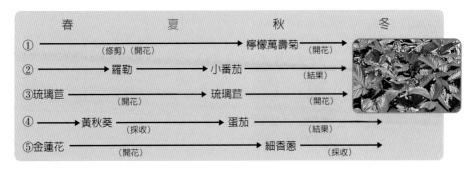

3.吊籃盆栽

小型花盆

●設計類型

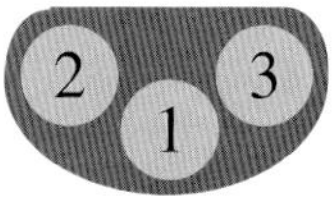

吊籃盆栽是指吊掛於牆壁或柵欄的盆栽，最適合種植茂盛或蔓性品種，而側面若種植草莓類植物，因並不會接觸到地面，所以也是不錯的選擇。

除了這個設計類型外，也可於中央後方種植較高的草花植物，而正前方兩側則種植蔓性香草，讓設計圖顯得更有變化。

●方案10 享受繽紛的花朵與果實

中央是金盞花，兩側種野草莓或貓薄荷。金盞花呈鮮豔的黃色，草莓開白花結紅果，貓薄荷的葉子呈銀綠色，開小紫花。相互配合，相得益彰。

	春	夏	秋	冬
①	——→	金盞花	——→	
②	——→	草莓	——→	
③	——→	貓薄荷	——→	

●方案11 置於通風場所享受迷人香味

合植時選擇耐乾燥的香草，當風吹拂時就能聞到怡人的花香。

平常就應將玫瑰天竺葵的莖端摘除，做些簡單的整理工作，也可選用蘋果天竺葵或其他的天竺葵品種。

	春	夏	秋	冬
①	——→	綿杉菊	——→	
②	香葉天竺葵（玫瑰天竺葵）——→			
③	——→	草莓	——→	

●方案12 考慮葉子色彩的搭配組合

不僅可以花色來組合搭配，我們也能嘗試用葉色和葉形的差異來創造各式各樣的組合。斑狀葉、檸檬色、紫色莖葉的組合，可讓這種合植類型一年中多饒富變化。至於花朵，若選用白色、淡色或開小花的各式香草，也能展現花朵的季節感。

	春	夏	秋	冬
①	——→	銀色百里香	——→	
②	——→	紫葉鼠尾草	——→	
③	——→	小白菊	——→	

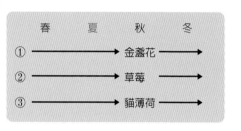

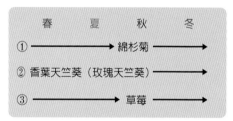

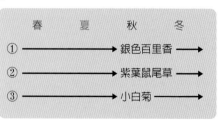

培育、使用、觀賞

香草圖鑑目錄

其他

香草的種類繁多，即使是沒有介紹到的香草，其中也有衆多能豐富我們生活的品種。發現衆多香草植物也是另外一種樂趣。

■特徵・培育方法

預防過於潮濕

如果陽光充足、土壤排水良好，無須特別選擇土質就能生長強健。

此種香草因不耐高溫及多濕，所以平日要注意切勿給水過多，要控制在較爲乾燥的狀態。盛夏時，則必須移到日光不直射的明亮處種植。

紫朱草

【科　名】紫草科
【類　別】多年草本植物
【英　名】*Alkanet*
【株　高】100cm

利用法：料理、園藝、香花包

月		1	2	3	4	5	6	7	8	9	10	11	12
收穫	莖・葉												
	花		■	■	■	■							
	種子				■	■	■						
花期			■	■	■	■							
播種										■	■	■	
分株、扦插													
病蟲害													

土壤	肥沃	**普通**	貧瘠
澆水	多濕	**普通**	**偏乾**
陽光	**全日照**	半日照	斜日照
溫度	**耐寒**	半耐寒	不耐寒

■特徵・培育方法

生長強健容易培育

若日照良好、排水佳，即可健康成長。但栽植土壤較適合稍帶鹼性的乾燥土壤。只要任其生長，就能以植株自然掉落的種子順利繁殖培育，是生命力非常強健的植物。

龍牙草

【科　名】薔薇科
【類　別】一、二年草本植物
【英　名】*Agrimony*
【株　高】60cm～100cm

利用法：園藝、飲茶、浴用（活力／美容）

月		1	2	3	4	5	6	7	8	9	10	11	12
收穫	莖・葉	■	■	■	■	■							■
	花				■	■							
	種子					■	■						
花期					■	■							
播種										■	■		
分株、扦插													
病蟲害													

土壤	肥沃	**普通**	貧瘠
澆水	多濕	**普通**	**偏乾**
陽光	全日照	**半日照**	**斜日照**
溫度	**耐寒**	半耐寒	不耐寒

地膠苦草

利用法

料理
園藝
飲茶
(活力)

【科　名】唇形科
【類　別】常綠多年草本植物
【英　名】*Wall germander*
【株　高】50cm

■特徵及培育方法

特別耐寒、耐乾燥

地膠苦草又稱爲石蠶、香科科，需種在日光充足、排水良好的地方，較適合乾燥的鹼性土壤。平日給水切勿過多。若能保持培植土壤的乾燥，即可提昇抗病蟲害的能力。可種植於條件惡劣的場所或作爲花壇的邊飾。

月		1	2	3	4	5	6	7	8	9	10	11	12
收穫	莖·葉												
	花		■	■	■								
	種子			■	■	■							
花期			■	■	■								
播種										■	■		
分株、扦插													
病蟲害													

土	肥沃	**普通**	貧瘠
澆水	多濕	普通	**偏乾**
陽光	**全日照**	半日照	斜日照
濕度	**耐寒**	半耐寒	不耐寒

老鸛草

利用法

飲茶

【科　名】牻牛苗兒醇科
【類　別】多年草本植物
【英　名】*Geranium*
【株　高】50cm～75cm

■特徵及培育方法

喜好濕潤的土壤

將開花時的植株全草乾燥處理後，稱爲「尼泊爾老鸛草」。自古以來就被民間當作民俗藥草。

只要種在陽光充足、土壤濕潤的地方即可茁壯生長。

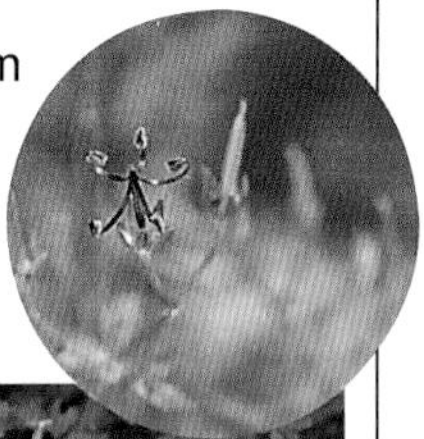

【花】
花開後所結的種子，具有獨特的外形。

月		1	2	3	4	5	6	7	8	9	10	11	12
收穫	莖·葉	■	■	■	■	■	■	■	■		■	■	■
	花												
	種子												
花期			■	■	■	■	■	■					
播種		■	■	■						■	■	■	■
分株、扦插													
病蟲害													

土壤	肥沃	**普通**	貧瘠
澆水	**多濕**	普通	偏乾
陽光	**全日照**	半日照	斜日照
溫度	**耐寒**	半耐寒	不耐寒

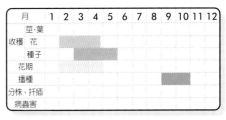

甜菊

利用法：料理、園藝、飲茶

【科　名】菊科
【類　別】一、二年草本植物
【英　名】*Stevia*
【株　高】50cm～100cm

■特徵・培育方法

喜好營養豐富的土質

葉和莖中含有低卡路里的甘味成分，常被替代為減肥食品的糖分。

喜歡陽光充足的生長環境。需要排水良好、濕度適宜的營養土壤。這種香草並不耐寒，若冬季溫度太低時，需移到溫室內種植。

月		1	2	3	4	5	6	7	8	9	10	11	12
收穫	莖・葉	■	■	■	■	■	■				■	■	■
	花	■	■	■	■						■	■	■
	種子		■	■	■								
花期		■								■	■	■	■
播種													
分株、扦插			■	■	■					■	■	■	
病蟲害													

土壤	**肥沃**	普通	貧瘠
澆水	**多濕**	**普通**	偏乾
陽光	**全日照**	半日照	斜日照
溫度	**耐寒**	半耐寒	不耐寒

肥皂草

利用法：園藝

【科　名】石竹科
【類　別】一、二年生草本植物
【英　名】*Soapwort*
【株　高】90cm～100cm

■特徵・培育方法

從陽光充足到日光不直射的明亮處均可良好生長，喜好於排水順暢的微鹼濕潤土壤中生長。

如其名字所示，這種香草的萃取汁液和香皂一樣，具有優異的去污效果。

月		1	2	3	4	5	6	7	8	9	10	11	12
收穫	莖・葉	■	■	■	■	■	■	■	■	■	■	■	■
	花												
	種子												
花期				■	■	■	■						
播種			■	■	■				■	■	■		
分株、扦插													
病蟲害													

土壤	**肥沃**	普通	貧瘠
澆水	多濕	**普通**	**偏乾**
陽光	**全日照**	**半日照**	斜日照
溫度	耐寒	半耐寒	不耐寒

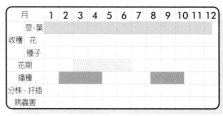

■特徵・培育方法

不耐寒的熱帶植物

薑黃是咖喱粉不可或缺的香辛料，從陽光充足的場所到日光不直射的明亮處均可生長；喜好排水良好、營養豐富的土壤。可透過根莖分株繁殖。冬季葉子枯萎後，要將根莖挖出保存。

薑黃

【科　名】薑科
【類　別】多年草本植物
【英　名】*Turmeric*
【株　高】100cm～150cm

利用法
- 料理
- 園藝
- 飲茶
- 染色

月		1	2	3	4	5	6	7	8	9	10	11	12
收穫	莖・葉												
	花												
	種子									■	■		
花期								▨	▨	▨			
播種													
分株、扦插													
病蟲害													

土壤	**肥沃**	普通	貧瘠
澆水	**多濕**	普通	偏乾
陽光	全日照	**半日照**	**斜日照**
溫度	耐寒	半耐寒	**不耐寒**

■特徵・培育方法

生長強健容易繁殖

可利用黃色的花朵提煉染色用素材。需種植於陽光充足的場所和排水良好的土壤之中。利用自然落下的種子繁殖，就能生長快速。對盛夏的酷暑和乾燥敏感，若植株過於茂密會太過悶熱，所以需適時修剪，可順便採收利用。

染料菊

【科　名】菊科
【類　別】一、二年草本植物
【英　名】*Dyer's chamomile*
【株　高】75cm

利用法
- 料理
- 香花包
- 染色

月		1	2	3	4	5	6	7	8	9	10	11	12
收穫	莖・葉												
	花	■	■	■								■	■
	種子												
花期		▨	▨	▨								▨	▨
播種								■	■	■			
分株、扦插								■	■	■			
病蟲害													

土壤	肥沃	**普通**	貧瘠
澆水	多濕	**普通**	偏乾
陽光	**全日照**	半日照	斜日照
溫度	**耐寒**	半耐寒	不耐寒

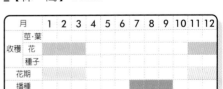

■特徵・培育方法

耐寒且容易培植

應定植於日照良好、排水佳的土壤中。因此種香草特別耐寒，所以即使在陽光不直射的明亮處也能健康生長。有類似樟腦丸的味道，據說有很好的防蟲效果。

艾菊

利用法

料理
香花包（防蟲）
染色

【科　名】菊科
【類　別】多年草本植物
【英　名】*Tansy*
【株　高】100cm～200cm

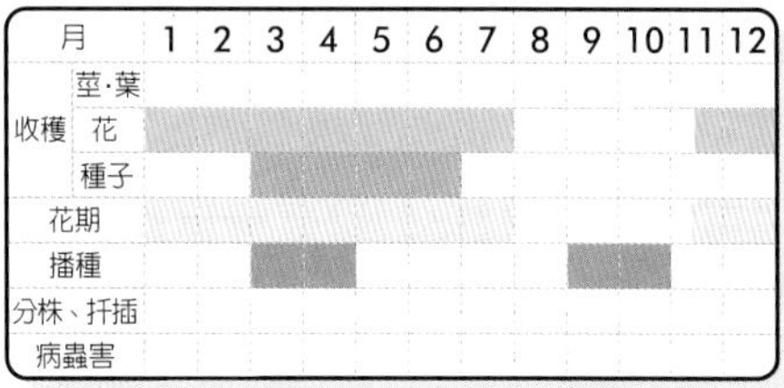

土壤	肥沃	**普通**	貧瘠
澆水	多濕	普通	**偏乾**
陽光	**全日照**	半日照	斜日照
溫度	**耐寒**	半耐寒	不耐寒

■特徵・培育方法

喜好高溫多濕的環境

廣藿香原產於菲律賓，屬於熱帶及亞熱帶的植物。若有高溫、多濕的環境，這種香草即可強健生長。定植於富含有機質的營養土壤中，並注意日照管理即可健康生長。平日需注意保持土壤的濕度。

廣藿香

利用法

料理
園藝
飲茶
香花包

【科　名】唇形科
【類　別】一、二年草本植物
【英　名】*Patchouli*
【株　高】100cm

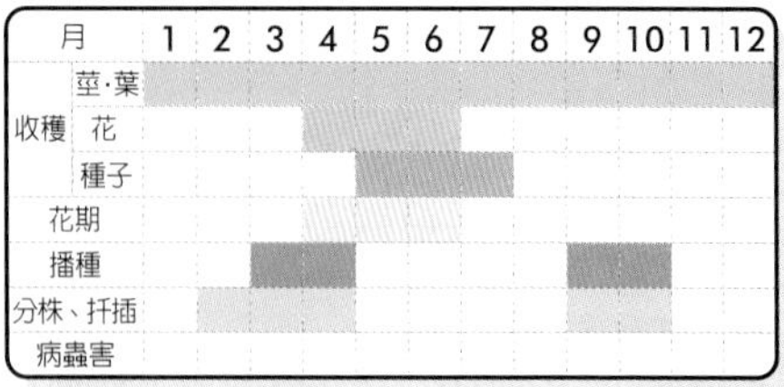

土壤	**肥沃**	普通	貧瘠
澆水	**多濕**	普通	偏乾
陽光	**全日照**	半日照	斜日照
溫度	耐寒	半耐寒	**不耐寒**

百香果

利用法

料理
園藝

【科　名】西番蓮科
【類　別】多年藤本植物
【英　名】*Passion fruit*
【株　高】3m～10m

■特徵・培育方法

蔓性的熱帶植物

適合的生長溫度為20～25℃，一般採用盆栽會比較好。植株越冬後，可修剪再生長。

月		1	2	3	4	5	6	7	8	9	10	11	12
收穫	莖・葉												
	花												
	種子	■	■				■	■	■	■	■	■	
花期					■	■	■	■	■	■			
播種			■	■									
分株、扦插			■	■									
病蟲害													

土壤	**肥沃**	普通	貧瘠
澆水	**多濕**	普通	偏乾
陽光	**全日照**	半日照	斜日照
溫度	耐寒	半耐寒	**不耐寒**

忍冬（金銀花）

利用法

料理
園藝
香花包

【科　名】忍冬科
【類　別】蔓性落葉灌木
【英　名】*Soneysukcle*
【株　高】1m～9m

■特徵・培育方法

特別耐寒

只要基床土排水良好，不論土質的營養狀況如何，此香草均可生長。可放在陽光充足或日陰處養植。屬蔓性植物，伸展性極強，很容易相互重疊，需及早對香草進行剪枝。

月		1	2	3	4	5	6	7	8	9	10	11	12
收穫	莖・葉												
	花				■	■	■	■	■	■	■		
	種子												
花期					■	■	■	■	■	■			
播種													
分株、扦插			■	■	■	■	■	■	■	■	■		
病蟲害													

土壤	**肥沃**	普通	貧瘠
澆水	多濕	**普通**	偏乾
陽光	全日照	**半日照**	**斜日照**
溫度	**耐寒**	半耐寒	不耐寒

■特徵・培育方法

喜好營養豐富的土質

偏好於陽光充足的地方生長，較適合排水良好、營養豐富的土壤。這種香草植物不適合移植，可於春秋時節直接播種培育。它的種子和有花的枝條除蟲效果不錯。種子常用來製作殺蟲劑。

飛燕草

【科　名】毛茛科
【類　別】一年草本植物
【英　名】*Larkspur*
【株　高】30cm～100cm

利用法
園藝
香花包

月	1	2	3	4	5	6	7	8	9	10	11	12
收穫 莖·葉												
收穫 花					■	■	■	■				
收穫 種子						■	■	■				
花期					■	■	■	■				
播種									■	■		
分株、扦插												
病蟲害												

土壤	**肥沃**	**普通**	貧瘠
澆水	多濕	**普通**	**偏乾**
陽光	**全日照**	**半日照**	斜日照
溫度	**耐寒**	半耐寒	不耐寒

■特徵・培育方法

喜好營養豐富的土壤

這種香草帶有強烈的檸檬香味，喜好在陽光充足的場所生長，適合營養豐富、排水佳的環境，對土質無特殊要求。是特別能夠耐寒的香草品種。

檸檬萬壽菊

【科　名】菊科
【類　別】一、二年草本植物
【英　名】*Lemon marigold*
【株　高】30cm～50cm

利用法
料理
園藝
飲茶
浴用
香花包
染色

月	1	2	3	4	5	6	7	8	9	10	11	12
收穫 莖·葉	■	■	■	■	■	■	■	■	■	■	■	■
收穫 花	■	■	■	■	■	■	■	■	■	■	■	■
收穫 種子	■	■	■	■	■	■	■	■	■	■	■	■
花期	■	■	■	■	■	■	■	■	■	■	■	■
播種			■	■					■	■	■	
分株、扦插			■	■	■				■	■		
病蟲害												

土壤	肥沃	**普通**	貧瘠
澆水	多濕	**普通**	偏乾
陽光	**全日照**	半日照	斜日照
溫度	**耐寒**	半耐寒	不耐寒

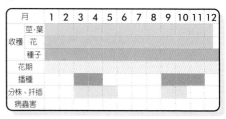

尤加利樹

利用法

- 園藝
- 香花包
- 浴用

【科　名】姚金孃科
【類　別】常綠喬木
【英　名】*Eucaly*
【株　高】6m～10m

■特徵・培育方法

特別耐寒，會長得極為高大

喜好於排水良好的土壤，及陽光充足的場所中生長，植株會長得很高大。當氣溫降到7℃以下時，生長就會減緩。有圓葉及帶水果香的各式品種。也是極受歡迎的觀賞植物。

月		1	2	3	4	5	6	7	8	9	10	11	12
收穫	莖·葉	■	■	■	■	■	■	■	■	■	■	■	■
	花												
	種子												
花期													
播種				■	■	■	■	■	■	■	■		
分株、扦插													
病蟲害													

土壤	肥沃	**普通**	貧瘠
澆水	多濕	**普通**	**偏乾**
陽光	**全日照**	半日照	斜日照
溫度	**耐寒**	**半耐寒**	不耐寒

野草莓

利用法

- 料理
- 園藝
- 飲茶

【科　名】薔薇科
【類　別】多年草本植物
【英　名】*Wild strawberry*
【株　高】30cm～50cm

■特徵・培育方法

適合在陽光充足的環境中生長

可定植在排水良好、陽光充足的環境中，收穫果實後需進行追肥。除可利用果實外，葉子乾燥後也能沖泡香草茶，由於新鮮葉片具有毒素，所以務必充分乾燥後才能使用。

月		1	2	3	4	5	6	7	8	9	10	11	12
收穫	莖·葉	■	■	■	■	■	■	■	■	■	■	■	■
	花	■	■	■	■	■	■	■	■	■	■	■	■
	種子												
花期		■	■	■	■	■	■	■	■	■	■	■	■
播種		■	■	■	■			■	■	■	■		
分株、扦插													
病蟲害													

土壤	**肥沃**	**普通**	貧瘠
澆水	多濕	**普通**	偏乾
陽光	**全日照**	半日照	斜日照
溫度	**耐寒**	半耐寒	不耐寒

製作芳香的手工藝品

使用香草所製作的芳香手工藝品，可享受親手製作的魅力。這裏介紹的是用薰衣草製作的薰衣草香棒，收到這個禮物的人一定會很高興。

替衣物增添香味

薰衣草香棒（參見149頁）是以薰衣草莖包住花朵的棒狀編織物，放入櫥櫃和抽屜中，使衣物和床單能飄散淡雅清香。

薰衣草香棒的製作方法

製作方法很簡單。不論是新鮮或乾燥的薰衣草都可以（若是乾燥的香草，就要用溼毛巾包住莖條，讓需彎曲的部分軟化）。然後以9或11根的薰衣草莖條編織（必須是奇數根，數量隨植株粗細調整）。

先在花朵下方用繩子紮緊束起，再鬆鬆地纏繞花的部分，然後於花朵下方的位置包緊。接著將香棒上下顛倒，用綁花球部分餘下的繩子纏繞已全彎折下來的莖條。讓莖條呈現包住花的樣子。

當所有的莖條全都折下來後，用繩子在花球下方的位置繫緊莖條。接著用5公釐寬的緞帶，在花球外側部分相互交叉編織莖條。在花朵下面的繩結綁上緞帶，並於莖條下方打上蝴蝶結後就完成了。

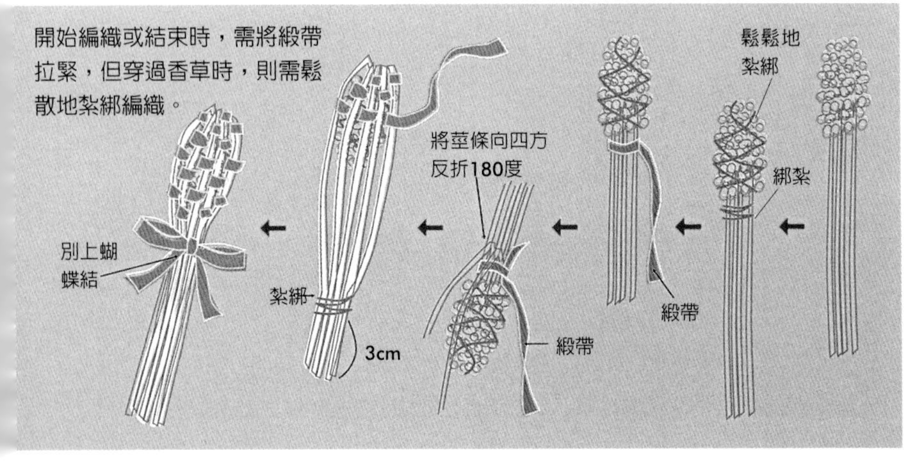
開始編織或結束時，需將緞帶拉緊，但穿過香草時，則需鬆散地紮綁編織。
鬆鬆地紮綁
綁紮
緞帶
將莖條向四方反折180度
緞帶
紮綁
3cm
別上蝴蝶結

賞玩各式各樣的美味香草

香草栽培的基礎知識

【喜好環境、給水、肥料、病蟲害】

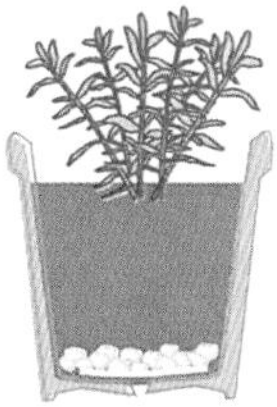

這裏介紹如何製作，適用於種植香草的土壤，及平日的澆水、施肥管理等要領，只要掌握這些基本知識，就可在每日的例行管理工作中，不斷累積栽培香草的知識。

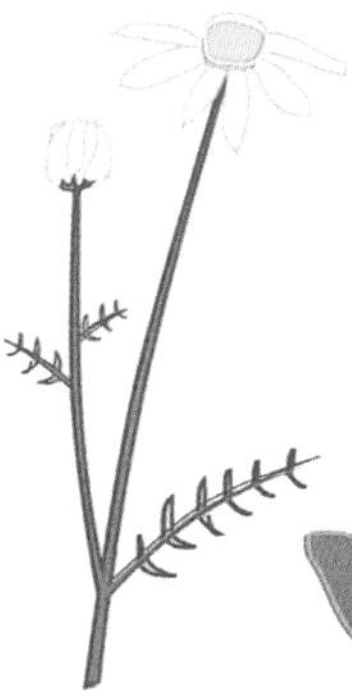

香草喜好的環境

近來在台灣，栽植香草的風氣越來越盛，但衆多的外來品種中，
其實有些香草實在不太適應台灣的地理環境。
因此最好盡量在近似原產地的氣候環境中栽種，
等香草適應新環境且健康成長後，就能收穫種子，繼續繁殖幼苗了。

1 原產於地中海的香草

夏季環境乾燥、涼爽

注意澆水勿過多

大多數的香草，其實都是原產於地中海地區。當地的氣候為夏季涼爽乾燥，冬季溫暖雨水多，土壤也多呈弱鹼性～中性，而台灣的環境是夏季高溫多濕，冬天乾燥，土性多呈弱酸性，與香草的成長環境正好相反。

因此，應該盡可能製造與原產地相近的生長環境，讓栽植的土壤排水良好，酸鹼度合適，並注意澆水量的管理。而雨水較多，或冬季氣溫過於偏低的地區最好改用盆栽種植。

當然，這些原產於其他地區的香草，也已進行某些品種的改良，多能適應本地的生長環境。

原產地中海的香草

薰衣草、迷迭香、百里香、鼠尾草、薄荷、茴香、德國甘菊、芫荽、奧勒岡、紫朱草、地膠苦草、橄欖、荊芥、大葉假荊芥、豆瓣菜、矢車菊、番紅花、綿杉菊、義大利歐芹、牛膝草、小白菊、琉璃苣、馬郁蘭、錦葵、羊耳石蠶。

2 原產於歐洲的香草

環境乾燥、氣候寒冷

較適合高冷地區

這是屬於夏季氣候乾燥涼爽、冬天嚴寒的地區。土壤多呈弱鹼性～中性。

台灣與此相近的地理環境並不多，某些高山地區可能較類似。當培育原產於這些地區的香草時，重點在於克服夏季炎熱。

通常都需在通風良好，陽光不直射的明亮處栽培。庭園栽種時可加設遮光網，以防止地溫上升。

原產於歐洲的香草

野草莓、朝鮮薊、龍芽草、大葉假荊芥、義大利蠟菊、小地榆、肥皂草、法國龍蒿（龍艾）、艾菊、蒲公英、菊苣、細葉芹、細香蔥、蒔蘿、啤酒花、藥蜀葵、西洋蓍草、大黃、香蜂草。

3 原產中國、日本的香草

夏季高溫多濕 冬季乾燥

台灣地區不一定容易生長

夏季高溫多濕，冬季乾燥，土壤呈弱酸性是此地區的特點。這一地區原產的香草尚能於本地良好生長。

❁原產於中國、日本的香草
紫蘇、茉莉、大蒜、細香蔥、鴨兒芹、桔梗、蓼藍、魚腥草。

4 其他地區

整年氣溫較高

原產於熱帶的香草較喜好潮濕

羅勒和檸檬香茅的原產地為亞洲和非洲的熱帶地區，是屬於整年氣溫都高、雨水充沛的環境。其他地區還有雨季和乾季分明的南非、中南美，此區雨水稍多，但因土質排水良好，所以也有許多喜好乾燥的香草。

❁原產於熱帶的香草
羅勒、檸檬香茅。

❁原產於南非的香草
香葉天竺葵。

❁原產於西南美洲、中南美洲的香草
茴藿香、向日葵、甜菊、金蓮花、檸檬馬鞭草。

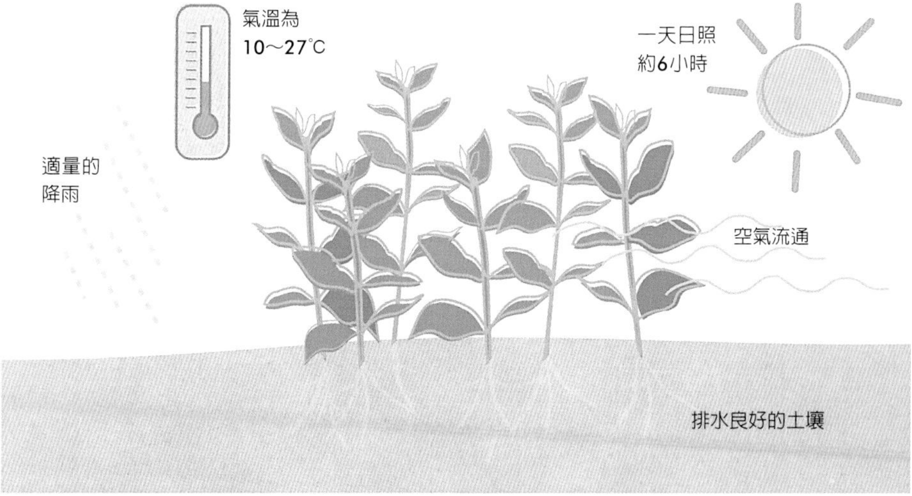

【一般香草所喜好的環境】

喜歡日照的香草種類很多，可置於日照充足的場所（盡可能一天5～6小時以上）。
土壤酸鹼質調整至中性，且排水性及保水力均需良好。盡可能將氣溫保持在10℃以上，不超過30℃比較理想。而通風是否良好也很重要。
調整氣溫時，冬季可移入窗台保濕，夏季則避免陽光直射。總而言之，只要是人感覺舒適的環境，香草一樣也會感覺舒適，從這點考慮就不難判斷了。

改良適合栽培的土壤

若想使香草健康生長，土壤也是非常重要的影響因素之一。
特別是栽種於庭園時，更應確實改良土壤。
另外，適合香草的土壤還有營養與貧瘠之分，
所以必須依香草種類調整出適合的栽植土壤。

1 香草喜歡的土質

排水良好、保水力佳的土壤

確實調製栽植基本用土

香草因種類不同，所喜好的土壤也有所差異，在這裏先簡單介紹各類香草適用的土壤基本調製法。

大多數香草都喜歡保水力佳、排水良好的土壤。所謂排水良好指的是：澆水時，水分會慢慢從土中滲出。

如果會積水、水分不易排出的土壤，或是儲水不易的粗砂質土，不太適合用來種植香草。而土粒間若留有適當空隙，不但排水通暢且保水力也較佳。

2 改良庭園用土

深耕土壤並摻入腐質土

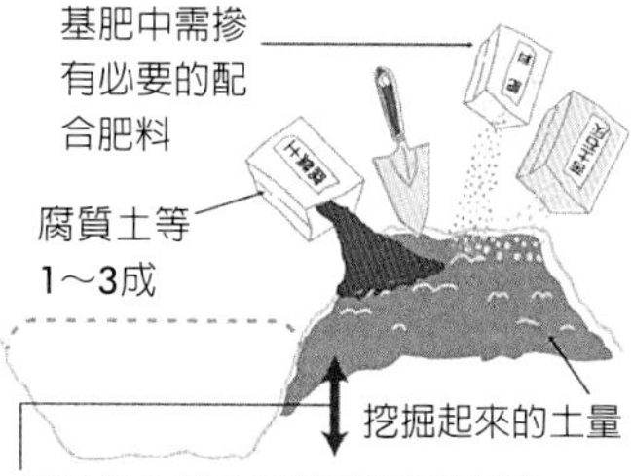
利用地上部的香草則挖掘深度為20～30cm；若是利用根部的香草則挖掘約40～60cm的深度

3 調製盆栽用土壤

利用市售培養土

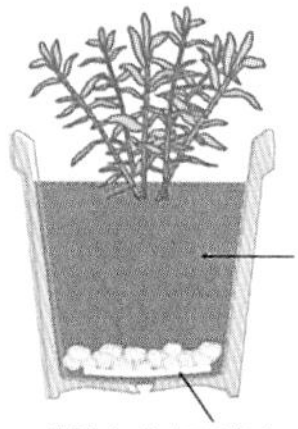
市售的培養土或田土6份+腐質土3份+珍珠石1份
將缽底網鋪在盆底的孔穴上

4 調整酸度

以苦土石灰調整至中性

香草一般較喜好中性至鹼性的土壤

香草喜歡的土壤多爲中性（pH＝7.0）至弱鹼性。

因此若栽種於庭園中，需在進行定植作業前先驗測土壤的酸鹼度。測定器一般在園藝店等處均可買到。如果土壤呈現酸性，可用苦土石灰將之中和。作業要嚴謹些，可根據酸度值來計算摻入量，大約每平方公尺需100～200公克爲宜。苦土石灰放置久後會結塊，所以播灑後就要立刻混入土中。而且最好於定植前一週進行這項作業，如此就較無傷害苗根之虞。

澆水的要點

澆水是每日整理作業的基本步驟。使用花盆種植時，
為使香草健康生長，澆水是繼調製培養土後的第二項重點。
澆水的目的不僅可補充水分，更具有幫助植株根部呼吸的重要功能。

1 花盆的澆水方法

當土壤表面乾燥時

澆水直至盆底流出水來

盆栽的澆水基本要點是土壤表面變乾後，就澆水直至盆底流出水爲止。注意植株整體均需全面澆透。不論香草喜歡乾燥環境與否，採取這個澆水基本法的話，大致上是不會有問題的。

如果是喜愛乾燥環境的香草，通常是在盆土表面完全乾透後進行；但如果是喜歡潮濕環境的香草種類，則是在土壤乾透前進行澆水作業。

盆土表面變乾後，應全面充分澆水

澆水直至盆底流出水來

2 庭園的澆水方法

幾乎不澆水也沒關係

只須於持續乾燥時進行澆水

如果是栽種於庭園，當進行定植作業時，爲使根系充分吸水，就必須全面平均供給足夠水分。隨後幾乎不需澆水了。當長期持續未降雨，植株開始枯萎時，就應在早晨或傍晚進行澆水。

3 澆水的作用

讓肥料均勻分布並送入新鮮空氣

讓肥料溶入水中

澆水作業除能讓香草補充水分外，其實還有重要的作用。當進行香草的澆水作業時，土壤中的肥料會溶入水中，讓香草更能吸收到養分。且同時將土中的老舊空氣帶出，並將新鮮空氣送入土壤中。

當夏季非常炎熱時，傍晚澆水還可讓盆土降溫。不過，要特別注意澆水過多會對香草有害。只要能夠靈活運用，就可讓香草生長得更健康、更有活力。

依性質施用適合的肥料

肥料不僅對植物生長有益，也能使植物各種功能正常運轉，
但需注意的是，香草施肥過多，反而會對植物不利。
而各式各樣的香草對肥料的需求也有所不同，有需要大量肥料的；
也有不需要肥料的，所以最好依據香草各自的需求來施肥栽培。

1 肥料的作用

製造植物體的營養素

促進枝葉茂盛生長的氮肥

肥料就是植物的食物，是促進枝、葉、根生長的重要養分，同時也是讓植株開花結果實的必要成分。

一般而言，肥料的主要成分可分為三種。有促進枝葉生長的氮肥、促進生根的鉀肥、促進開花結果的磷肥。

肥料的3要素
●磷肥
促進開花及結果
●氮肥
讓枝葉能夠繁茂生長
●鉀肥
能促使根部健壯

利用葉子部位的香草多需施用含氮比值較高的肥料；利用花朵的香草則是需施用磷肥；而利用根部的香草就應多施鉀肥。另外維生素和礦物質也是植物所需養分。某些香草是能在貧瘠土地中生長的雜草，並不太需要養分。所以這類香草施肥過多時，反而會使植株衰弱，原本的香味與活性效果都會變差；但也有些是沒有施肥就完全不會成長。最好依據種類適時並適量施肥。

2 肥料的種類

效果快的速效肥與效果長久的緩效肥

輕鬆易得的化學合成肥料

一般園藝店都售有各種肥料可供選擇，其中當然也有香草專用的肥料。使用較方便的是液體和固體等化學肥料，它們都已將營養均衡調配。液體肥料因養分可溶於水，所以效果會較快。固體肥料則是澆水時才會溶出養分，因此會慢慢出現效果。

越來越受歡迎的有機肥料

有機肥是以雞糞、豆粕等有機物混合，是由天然有機物製成的。最近大家越來越重視有機栽培，所以也很重視香草等植物的有機肥料。

3 盆栽的施肥方法

施用粒狀肥料及液態肥料

生長期時進行施肥

如果是以花盆種植喜好營養土質的香草時，定植用土就應事先施用緩效性肥料，而這就稱之爲基肥。

從春天到初夏的生長期及秋天時，都應在定植一個月後，每月施用一次粒肥或2周施用一次液體肥料，而這就是稱之爲追肥。

將固體肥料放在盆土表面的施肥方法就稱爲置肥。一個月放置一次，且須放在與前次不同的位置。

另外收穫後也可以施放粒肥（稱之爲禮肥）。

從春天到秋天，約每月施用一次置肥或液態肥料。置肥需平均放在盆緣處的四個地方。

4 庭園的施肥方法

定植前先混入土中

無須頻繁施肥

庭栽時，並不需要像盆栽那樣地頻繁施肥。

首先，應在定植時先將緩效性肥料混入土中。但如果是已經種入的植株，則是應該視植株狀況，於植株周圍約20公分的位置酌予施肥。

生長期內追肥

另外，應該在生長期或採摘花朵後進行追肥。追肥時，可用手抓一把粒狀固體肥料撒入周圍土中，並讓肥料及土壤充分混合。

待香草適應環境後，再根據香草生長的情況，調整追肥時間和施肥量。

MEMO

●喜好肥沃土壤的香草種類●

✻ 香草名稱

朝鮮薊、阿拉伯茉莉、奧勒岡、義大利蠟菊、蔦蘿子、豆瓣菜、矢車菊、芫荽、向日葵、香菫菜、湯芹、甜菊、鼠尾草、菊苣、細香蔥、蒔蘿、忍冬、羅勒、歐芹、茴香、馬郁蘭、藥蜀葵、斗篷草、香蜂草、芝麻菜、山椒、大黃。

✻ 施肥方法

施用基肥，如果是盆栽的話，每月施用一次粒肥。另外，還需每兩周施灑一次液體肥料。但如果是栽種於庭園中時，則在生長期及收穫後進行追肥作業。

●不太需要肥料的香草●

✻ 香草名稱

蕺菜、錦葵、薰衣草、檸檬馬鞭草、迷迭香。

✻ 施肥方法

只需少許基肥。盆栽時，從春天到秋天每月施用一次極薄的追肥。若栽種於庭院時，則需視需求施用追肥。

預防疾病與蟲害

香草的特徵在於幾乎不需擔心會遭病蟲害侵擾，
但如果是生長在不適宜的環境或者者澆水過多，
就會讓植株易受病蟲害。
為盡可能不依賴農藥而收穫香草，就應該在事前確實預防。

1 預防① 培育健康的苗株

應經常接受日照

如果是完全健康生長的香草，即使有少量的病原菌侵擾，也不會發病。所以預防病蟲害的第一步就是培育健康的植株。若想種植健康的苗株，必須注意以下三個重點。

①選用健康的苗株

首先，購買苗株時應仔細觀察，一定要選用健康的苗株，因為這樣才不會帶入各種病蟲害。

②經常接受日照

喜好陽光的品種應有充分的日照，因為接受陽光照射可增強植株抵抗力，使其健康生長。

③澆水及施肥勿過多

澆水及施肥過多時，香草反倒會徒長，變得衰弱且毫無生氣。

2 預防② 仔細選擇土壤

選用排水良好的土壤

要使植物健康生長，需要健壯的根部，如此才能提供維持植物生長和機能運行的養分。因此，為使根系呼吸暢通，富含新鮮空氣，就必須將香草種植在排水與通氣性均佳的土壤中。

若栽植於庭園中時，要先耙鬆庭院的土壤，摻入堆肥與泥炭苔土，並改良土壤的排水性，調整成適合香草生長的土壤酸鹼度。

選用乾淨的土壤

若將喜好營養土質的香草栽種在貧土上，就無法生長得很健康。相反的，如果是不太需要營養的香草，種在肥沃土壤中時，反倒會使植株變弱。所以務必配合香草的性質選用適合的培養土。

另外，因為土壤中常常潛藏有許多病原菌，所以也要注意土壤是否乾淨。如果使用已栽植過的土壤時，就一定要經過殺菌處理。

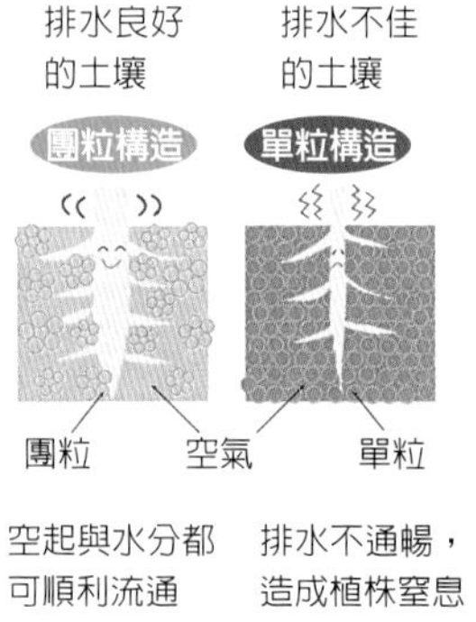

3 預防③ 保持通風良好

通風不暢會使苗株變弱

在植物的生長過程中，保持通風良好也是很重要的。如果通風不流暢，黴菌孢子會附著在葉面上而導致病變，並影響植株吸取新鮮空氣；或基部太過悶熱讓植株變得衰弱。

但要注意風不能太強，最好是微風吹拂的環境或是空氣流通即可。

不要將花盆直接置於地面

花盆應留有適當的空隙，使空氣容易流通。

置放花盆時，切勿直接放在地面上，而是應該放在瓦片或是花盆專用墊片上，讓花盆底部留有空間。這樣不僅可以防止花盆底部積水，還可使空氣流通避免溼氣過重。

4 預防④ 摘除枯葉

枯葉會導致病變

一有枯枝爛葉就應仔細摘除，因爲枯萎的葉子常是導致病變的原因。

另外，枝葉重疊擠壓的部分則需進行疏剪，保持良好的通風。莖與葉碰觸到地面時，常會傷及該處，所以應架設支柱撐起倒下的枝條或從根部剪除，且要經常整理修剪香草。

5 早期發現法 瞭解檢查的要點

早發現早處理

既使已遭病蟲害侵襲，若及早處置，仍可有效防止病蟲害擴大。

像蚜蟲之類的害蟲，如果任其發展，會很快蔓延至整株植物，所以應先了解檢查要點，就可早點發現，及早應對。

發現病蟲害後，應盡早處置。決定處理方案。如果使用藥劑噴灑，應先確認藥品標示後再噴灑，並間隔一定時間後，再進行收穫作業。

檢查要點

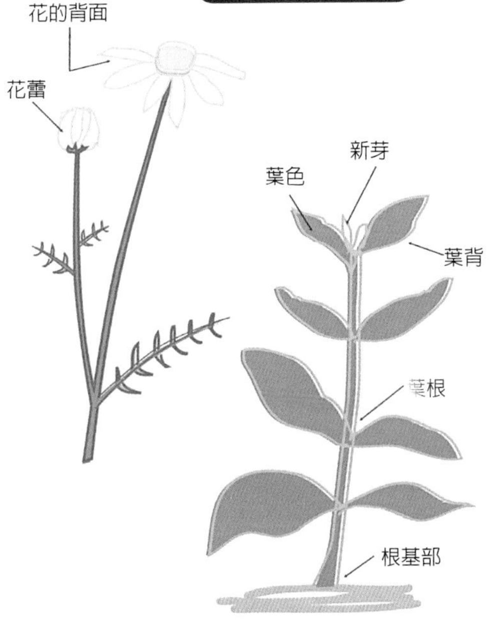

病蟲害的防治對策與處理方法

這裡舉出香草和草花植物較易出現的病蟲害。
因為香草多是收穫利用葉子和花朵等部分，
最好不要使用任何藥劑。
一旦發現有病蟲害時，就必須及早處理應對。

病害

病名	症狀	預防方法	對策
白粉病	葉和莖的表面像是撒了小麥粉般呈白色，黴菌為其病因。	保持通風良好，經常剪除枯萎的葉子，控制使用氮肥的量。	剪除已有病變的部分。
灰黴病	附著有灰色的黴菌，會從病灶處變弱，花朵部分尤其常見。	保持通風良好，經常修剪枯萎的葉子。	剪除已有病變的部分，尤其是凋謝的花朵。
黑點病	葉子等處出現黑色斑點，黴菌為其病因。	保持通風良好，經常修剪枯萎的葉子。	剪除已有病變的部分，並可薄灑一層食用醋。
立枯病	苗株凋枯萎黃，土壤中的黴菌為其致病因。	使用乾淨的土壤，並經常修剪枯萎的葉子。	拔除已遭受侵害的植株，並栽種檸檬萬壽菊為間作。
露菌病	嫩葉出現紅褐色斑點並腐爛。	加強通風管理，注意勿使葉子和莖碰觸到土面。	除去病變部分，並撒播少量的醋。
軟腐病	植株基部腐爛，株體軟化。	加強通風管理，剪除枯葉，並薄灑一層食用醋。	噴灑少量的醋。
嵌紋病	葉子和花上出現斑點狀的圖案。	不要選用出現病害的苗株。	拔除已發生病變的苗株，並予以燒毀。

主要害蟲

害蟲名	危害情況	預防方法	對策
蚜蟲	群生於新芽和葉子的背面，吸取葉汁，幾乎所有植物都可能發生，體長約1公釐。	購買苗株時就應仔細確認，保持通風良好，最好在易發的早春時節發現，並及時處理。	用刷子等工具掃落，也可以用手撣除。另外也能薄灑一層辣椒水或蒸餾酒。
葉蟎	好發於葉背，會吸取葉汁。受侵襲的葉子顏色會褪色脫落，顯得斑駁模糊。	澆水時，應時常清洗葉子背面，並防止過度乾燥。	可薄灑一層牛奶或大蒜水。
銀葉粉虱	白色羽毛狀的小蟲，常群生於葉子背面吸食汁液，體長約為2公釐。	購入時務必仔細確認，金蓮花之類的香草似乎較不會發生。	可薄灑一層辣椒水或大蒜水。
潛葉蠅	幼蟲會潛入葉子中寄生，進而蠶食葉子。遭受侵襲後，葉面會出現如圖畫狀的白線。	購入時應仔細確認。	摘除受侵害的葉子，並薄灑一層辣椒水或大蒜水，或摘除葉片。
毛蟲、小菜蛾	蝶類與蛾類的幼蟲，會啃食葉子和新芽。	需仔細觀察植物的狀態，確認是否附有蟲卵。	一旦發現，就要用筷子夾除。
斜紋夜盜蛾	會在夜間活動，啃食葉片。	為防止害蟲從盆底孔穴鑽入，需在定植時鋪設缽底網。	一旦發現這類害蟲在夜間活動時，就可用筷子捕除。
蛞蝓	會在夜間活動啃食葉片。	若是盆栽作物，可使用花盆專用墊片墊高，蛞蝓就無法從盆底孔潛入花盆內。	一旦發現這類害蟲在夜間活動時，就可用筷子捕除。
金龜子幼蟲	會潛伏在土中蠶食根系，導致植株的地上部也變衰弱。	選用乾淨的土壤。	一發現害蟲，就要用筷子捕除。
線蟲	常出現在根系中，會使植株衰弱。	同科的香草不要長年種於同一處所。	挖除周圍土壤，栽種檸檬萬壽菊防治。

度過炎熱夏天的方法

大多數香草都不適合高溫多濕的氣候，
只要能順利度過夏天，通常在秋天就可以大豐收。
所以為使植株不會因炎熱酷暑而奄奄一息，
栽植時更需費心整理。

1 應避免陽光直射的香草

移至明亮的遮陰處

用遮光網製造陰影

對酷暑敏感，需避免日光直射的香草，最好在梅雨季節結束後，移往日光不直射的明亮遮陰處。

若是栽種於庭園時，需圍著植株四周架立支柱，上面覆蓋遮光網以遮陽。

✿盛夏時應避免日光直射的香草種類

金蓮花、紫朱草、香堇菜、細葉芹、歐芹、小白菊、啤酒花、香蜂草、綿杉菊。

✿需防止乾燥的香草種類

細香蔥、荊芥。

2 需防止乾燥的香草種類

覆蓋植株根基部

使用碎木屑覆蓋

由於夏季陽光直射，會使土壤溫度上升。為抑制土壤溫度升高，可採取不需遮陰仍可順利度夏的方法。

在植株根基部鋪上碎木屑或用樹皮堆肥、稻草束等物品覆蓋地面，就可抑制地溫的上升。像這個覆蓋地面的方法就叫做覆蓋栽培法。

覆蓋地面後，可有效防止地面水分蒸發，避免植株乾燥枯萎。若是不耐乾燥的香草種類，就需覆蓋植株根基部。另外，這種覆蓋方法也有防寒的效果。

3 能適應夏季的香草種類

選擇能適應環境的香草

瞭解庭園和陽臺的種植環境

選擇適應環境的香草是很關鍵的步驟。首先要確認自家陽臺和庭院的種植環境，盡量選擇能適應種植環境的香草種類。例如陽光直射強烈的地方，就應選擇耐炎熱暑氣的香草種類。

✿能適應夏季的香草種類

奧勒岡、向日葵、艾菊、牛膝草、薄荷、芸香、檸檬香茅、迷迭香。

迷迭香

度過嚴寒冬天的方法

台灣的氣候雖然多半十分溫暖潮濕，但某些高冷地區氣候與平地不同，所以栽植條件也有所差異。我們在這邊將香草的性質分為三大類。讓讀者可根據各種氣溫和氣候條件栽種適合的種類。或是請教附近的園藝店，也可以獲得更詳盡的資訊。

1 不耐寒冷的香草種類

改變栽種地點

將庭園栽培改為盆栽

像檸檬香茅這類原產於熱帶的香草，若是栽種於庭園時，可視氣候狀況改爲盆栽移至南向避風處。

移植時可將根系團土放入大一點的花盆中，注意移植的時期不要太晚。

等次年春天來臨時，再移回庭園種植即可。

✿不耐寒的香草種類
檸檬香茅、阿拉伯茉莉、百香果、羅勒。

2 不結冰就可在室外過冬的香草

注意霜害

若是高冷地區就移入溫室

比較耐寒的品種都可在室外過冬。如果是盆栽，應置於不會吹北風的地方，並採用覆蓋栽培法。遇到霜害時，香草會枯萎，冬季酷寒的夜晚應避免霜害，最好移至溫室管理。

若想於庭園栽種時，則可覆蓋植株根基部保持溫度。

✿可在室外過冬的香草
芫荽、馬郁蘭、湯芹、甜菊、百里香、芝麻菜、香葉天竺葵、檸檬馬鞭草。

3 可於高冷地區室外過冬的香草

用塑膠膜保溫

上午10點前進行作業

如果是氣候常低於零度的高冷地區時，栽種於地面的香草應採用覆蓋栽培法，並架設立柱以圍住香草，再蓋上已開好通風穴的塑膠膜。盡量移至有溫暖陽光的地方管理，若夜晚特別寒冷，就要移入室內。澆水工作最好在上午10點左右進行，因太晚澆水會有結冰之虞。

✿可在高冷地區越冬的香草
朝鮮薊、茴藿香、義大利歐芹、奧勒岡、大葉假荊芥、荊芥、貓薄荷、葛縷子、三葉草、聚合草、小地榆、香堇菜、鼠尾草、芝麻菜、細香蔥、薄荷、薰衣草、香蜂草。

想知道更多的香草知識Q&A

從何謂香草到充分利用；
從香草概貌到培育法、使用法等等，
各種有關香草的單純疑問，都能獲得詳細的回答，
也是能夠讓你更熟悉香草的Q&A。

香草的概念

什麼的植物才能稱之為香草、香草療效的介紹等等，這些會讓你恍然大悟的解說內容，將讓你再次發現香草的魅力。

Q 什麼是香草？

A 對人們生活有益的植物

「HERBS」這個詞語含有「草」與「葉」的含義，是來自於拉丁語的「HERBA」這個字。

據傳，地中海沿岸的人們將它們煎煮飲用，並將這些能夠享受濃郁香氣、調整體質的植物，概稱為「HERBS」，而與其他植物明顯區隔開來。

而現在我們所說的「香草」，指的是可用來做藥材和烹飪料理的香味植物總稱。也就是說，對我們的生活有益的植物，我們就能將它們稱為「香草」。

Q 香草有多少功效？

A 因種類不同，效果也有差異

香草因具有療效，所以常被誤認為藥物，但使用香草卻不一定能獲得明確的醫療效果。

但也有某些香草藥效十分強烈，不當使用甚至會危害人體。

所以除了標示出的使用法外，絕對不可隨意使用。

如果想要有更明確的療效，就應該諮詢醫藥專家，在他們的指導下使用。

健康生活的基本還是在於保持起居規律。

若偶爾想特別振奮精神時，倒是可以適當藉助香草的功效。但慢性病患者，小孩、孕產婦等特定族群，則須在醫療人員指導下選擇使用與否。

香草的培育方法①

初次栽植香草時所煩惱的各種問題，將在這裡得到解答。為能更加瞭解香草，就讓我們挑戰看看吧！

Q 初學者也很容易栽培的香草？

A 推薦種類為薄荷類，並依據利用方法來選擇香草

如果十分喜歡使用香草，就不需侷限於容易培育與否，而是依想如何享受香草樂趣來選擇。雖然選擇種類時需考慮環境是否適合，但大多數香草都是易栽培的植物，所以不需太過顧慮栽培的成功率。而連初學者都能輕鬆栽培的香草就是薄荷類。這種香草生育旺盛，也極耐暑、耐寒，更有各種利用方法。不論日照充足或不佳，都可輕鬆栽植，是誰都能成功培育的香草。

Q 香草專用土是必要的嗎？

A 只要排水良好的乾淨土壤即可

園藝店中一般都售有各式各樣的香草專用商品，全都是爲適合香草栽培而開發的產品。通常就算是初學者也可以輕鬆上手，非常方便。

不過，這些專用土壤並非是絕對必須的，一般只要選用排水良好、保水性佳的乾淨土壤即可。

而且香草中也有薰衣草之類不需太多肥料的品種，像這種情況就最好不要使用草花植物專用的培養土了。

Q 哪種香草適合在廚房培育？

A 可將羅勒、細香蔥種在窗邊

提到「廚房庭園」（Kitchen Garden）時，也會介紹一些香草，所以在廚房種植香草常被誤認是「廚房庭園」，但其實「廚房庭園」指的是家庭菜園，並非是在廚房種植香草之意。香草應盡可能種在陽光充足、通風良好的戶外環境中。若想種在廚房等室內環境時，就必須置於光線良好的窗邊或日光燈底下30公分左右之處培育。較適合的種類有紫蘇、香蜂草、薄荷等等。

Q 香草是否不需施肥？

A 栽植於花盆時需適時補充

香草若施肥過多，會使香味受到影響，甚至植株還會變弱。但如果採用盆栽種植時，土壤養分常隨著水分流失，所以要適時補充才能使植株健康生長，並需於生長期內定期少量施肥。這裡推薦給初學者的是液態肥料。可根據商品標示濃度的2倍濃度施用。若爲有機栽培，則可先選購市售之有機栽培土，使用較方便，待技術進步後再學著自行調配與施肥。

香草的培育方法②

雖然已經開始栽培，但仍然有許多不瞭解的地方，解決這些困擾後會讓你學得更多。

Q 為什麼播種後卻不發芽呢？

A 播種時需要適宜的溫度

種子播種後卻不發芽，主要有以下幾個原因。

①播種時期不適合

因種子有適宜的發芽溫度，依種類不同，適溫也不同，但大多都是在20℃左右。所以只要高於或低於20℃太多，就常會發生無法發芽的情況。

②栽植土壤太過乾燥

種子發芽時也需適宜濕度，若這期間土壤乾燥缺水，發芽狀況就會不太好。所以一發現乾燥，就要以噴霧的方式灑水。

③土層覆蓋過厚

因種子的種類、性質不同，有些種子發芽時需要光照；但有些並不需要。所以播種後，覆蓋土層的厚度就會相當重要。如果覆蓋土過厚，喜好光線的種子就會因光線不夠而無法發芽。

相反的，如果是光線良好時難以發芽的種子，播灑後完全不覆土，同樣也不會發芽。

因此，這裡介紹一個適用於任何狀況的播種方法。也就是播種後不覆土，而是用一張濕報紙覆蓋，因濕報紙可保持一定濕度，只要採用此法，多數種子都可順利發芽。只要注意以上幾點，就可以再次挑戰自己順利播種。

Q 葉子背面的小蟲是害蟲嗎？

A 害蟲就應儘早處理

若葉子背面出現有紅、綠、黑等顏色的小蟲時，很可能就是蚜蟲。蚜蟲是幾乎所有植物都會出現的害蟲，它會吸食植物汁液而導致植株變弱，若放任不管，蟲害會迅速蔓延惡化，所以務必盡早處理。

處理時可用手撢除或用毛刷刷落在紙上。若是有翅膀的小白蟲，應該就是銀葉粉虱之類的害蟲。因會飛來飛去，很難有效防治處理。但若能在附近種植檸檬萬壽菊、羅勒、金蓮花等植物，會有一定的驅蟲效果，發病率也較低。

Q 莖條不斷伸長卻軟弱無力？

A 因日照不足或施肥過多而造成

莖條蔓延伸展、莖節距離過長，葉色不但變淺、植株也細長軟弱，這種狀態就稱之為「徒長」。

像這樣的香草，其香味會減弱，難以達到預期的效果。

主要原因可能是日照不足，或養分過多造成（特別是氮肥）。如果是喜好陽光的香草，應移往陽光充足的地方，修剪徒長的莖枝，短期之間也不再施用肥料，並隨時視植株狀況決定培育方法。

香草的培育方法③

已經瞭解許多香草的栽培方法，也想學會更多的栽培知識與使用樂趣，但不知這樣的方法是否可行時，下面的解說可解開你的疑惑。

Q 採用水耕栽培也能成功培育嗎？

A 薄荷之類的香草可採用此法

水耕栽培是以底部無孔的花盆，或無土栽培專用資材來培育室內觀賞植物，是最近非常受到歡迎的栽培方法之一。

香草與能在室內栽培的觀葉植物的不同在於香草需要充分的日照，所以並不會推薦用容易蒸發的容器來栽培。

但還是想採取水耕栽培方法時，薄荷是較可行的種類。

注意肥料最好採用液態肥料，並定期施灑。

Q 香草能和其他植物一起種植嗎？

A 選擇相容性佳的香草合植，享受獨創的合植樂趣

香草可和其他植物一起種植。合植時，一定要選擇喜好環境相同的種類。管理重點在於水分和日照的管理。

不要將喜好潮濕和喜好乾燥的香草一起種植；也不要將喜歡日照和喜歡陰暗的香草一起種植，只要掌握這些基本要點，大致上是不會有問題的。

因組合不同，有時會可促進生長，有時反而會互相妨礙。但還是可先以自己的喜好來決定搭配。

Q 長期不在家時，要如何澆水呢？

A 出門前先充分澆水，並覆蓋栽培

如果是冬季出去一週左右，大型長花盆就不太需要擔心，只需在出門前，先充分澆一次水即可。但若是春、秋兩季，就要在苗株根基部覆蓋碎木屑，就能防止盆土乾燥。

炎夏時採用覆蓋栽培外，還需移往涼爽的明亮遮陰處。或只利用市售的給水器進行澆水作業。

因大型花盆中的土壤較多，水分保留的時間較長，土壤較不會乾燥，所以若常常出門，就可先移往大型花盆種植。

出門時的澆水處理

香草的利用方法

「何種香草可用於料理中」、「何種香草具有除臭效果」，是使用香草時常出現的疑問。這裡我們將告訴你如何輕鬆使用香草。

Q 所有香草都可以食用嗎？

A 要注意並非所有香草均能用於料理或茶飲中

香草是含有藥效成分的植物，所以並不是全部的香草均可用於料理及茶飲中。而且有些香草絕對不可以用於烹飪或料理，一定要特別注意。

若是本書內容沒有標明的利用法，就請絕對不要利用。特別是孕婦或產婦更應特別注意食用的方法及量。另外，若弄錯香草名字時，更有可能引發中毒。所以在使用前，務必先對香草的名稱和利用方法加以確認後再使用。

Q 可在浴缸中直接加入新鮮香草嗎？

A 雖然可以直接加入，但使用袋子會更方便

享受香草浴時，可讓香草直接漂浮在浴缸中，將採摘洗淨後的新鮮香草丟入水中，效果也相當不錯。但是考慮到浴後的清洗工作，最好還是用袋子裝起來，或用手帕包起來會比較方便。若利用茶葉的濾紙包也很方便。

另外，將新鮮香草放入袋中再沖入熱水，香草會充分析出精華，效果會更好。較難直接丟入浴缸的乾香草，也適用於這種方法，使用時會更加方便。

Q 哪些香草具有去除魚、肉類腥味的功效呢？

A 用迷迭香去除肉腥味；用茴香去除魚腥味

可用來去除肉腥味的香草有：奧勒岡、葛縷子、鼠尾草、百里香、細葉蔥、細香蔥、歐芹、牛膝草、馬郁蘭、迷迭香等香草的葉子；及芫荽、葛縷子、茴香等香草的種子。

現在最受歡迎的是迷迭香。只要在烤肉時加入一枝迷迭香即可。

或是用月桂樹葉和迷迭香、百里香等香草製成花束，和菜一起燉煮，煮後撈出就好了。

而通常用來除去魚腥味，並增添料理風味的香草有：百里香、芫荽、細葉芹、蒔蘿、歐芹、牛膝草、茴香、檸檬香茅等。

特別是法國料理和義大利料理，經常使用與魚類味道相合的香草。

料理時，將香草放在魚的下方，或覆蓋於魚身上置於網子上燒烤。完成後將焦葉去掉就好了。另外，在烤魚前一小時，將魚和香草一起放入盤中用保鮮膜封住，就會有很好的除腥及提味的效果。

將歐芹灑在已用鹽和胡椒醃漬的魚身上，然後再用鍋子蒸烤後也會變得非常美味。

其他

這裡將會介紹香草的保存方式、市售香草商品的利用方法，及各種香草花園的栽培要點。進一步開拓香草的迷人世界。

Q 新鮮香草的保存方法

A 可以冷凍保存或糖漬加工保存

若不想將香草風乾，而是想保存新鮮香草時，可採用冷凍和糖漬的方法保存。

最簡單的方法就是冷凍保存，將採摘後的香草陰乾去除水分，然後裝袋放入冰箱中。這種方法簡單易行，但會稍微影響風味。

也可以多花點功夫，用糖漬及醬漬的方法保存。

可用於糖漬的香草有：琉璃苣、香堇菜的花。將糖和香草隔層放入瓶中保存即可。

Q 什麼是精油？

A 包含在植物中，能散發濃香味的油粒

芳香療法是香草近來頗受矚目的利用方法之一。也就是使用香草的芳香成分進行治療的方法。

「精油」（ethereal oil）是包含在植物中的一種油粒。也就是香草的香味成分來源。市售小瓶裝精油是透過大量香草所提煉出來的少量精華，十分珍貴。精油可在按摩、泡浴及臉部噴霧時使用。因人體的個體差異會有適合與否的情形，所以務必在使用前先向專家或醫療人員諮詢。

在家中時，可於薰香壺中添加數滴精油，享受屋中盈滿的芳香空氣。喜歡薄荷等香草的人，可在礦泉水中加入幾滴精油，然後用噴壺噴灑，就能使空氣清新迷人。

Q 栽植香草花園時的重點？

A 以株高和顏色為基準，再分別考慮使用目的

首先，要先確實了解自己的庭園，測量寬度並觀察日照情況。然後再多加考慮自己的喜好及各種使用目的。

像是以收穫爲重點的集中在一角；以賞花爲重點的集中在一角等等，根據使用目的不同將種類區隔開來。同時確實隔出植物種植場所、通道及整理場所等空間。

而日照方面則是可將喜好陽光的香草依高度排列，株高的香草種在後方，前方種植低矮的植物。同時還要考慮苗株的培育方法、葉子的形狀、顏色及大小等因素，香草的整體佈局等。

種植一年生香草的角落，也可以將冬天地上部會枯萎的香草，和整年都能收穫的香草互相組合搭配後，作出整體的設計。

庭園的整體配置需要經過數年才能完成，所以一定要認眞設計組合。

讓種植更方便的園藝用語

如果先學會對初學者來說較為陌生的園藝用語，
對栽培香草會有極大的幫助。
這裡介紹了許多應該知道的園藝用語，
並有淺顯易懂的說明。

●一、二年生草本植物

從種子發芽、開花、結果直到枯萎的循環，在一季或一年內結束的草花植物。

●容水空間

澆水時，爲能儲水而預留出空間，所以不要將盆土完全填滿，而是預留距離盆緣2～3公分高度的空間，讓水分能暫時停留，同時也能防止澆水時水分溢出。

●置肥

一種施肥方法，亦稱爲固體肥料表面施用。也就是將固體有機肥料、粒狀化學合成肥料置於盆土表面的方法。當進行澆水作業時，養分就會溶入土中，慢慢釋放肥料效果。一般都是在生長期、花開後及收穫後實施。

●花期

從花開到花謝的這段時間稱爲花期。在此期間中，會連續或斷續地開出花朵。

●化學複合成肥料

將植物生長和調整時的必須養分予以合成的肥料，優點在於使用方便。

●緩效性肥料

這種肥料的效果可緩慢釋放。通常是定植時，混入土中當作基肥或作爲追肥放在植株基部，效果很不錯。

●地被植物

利用蔓性的特性，將地表全面覆蓋的植物。因全面蓋住地表，所以可美化環境。只要是蔓性香草，通常都能用來當作地被植物。若使用大紅三葉草爲地被植物，甚至還有防除雜草的效果。

●宿根性草花

當生長季結束後，地上部會全部枯萎，只留下根莖部於地下存活。等下次生長季來臨時，就可再度發芽的植物。小地榆就屬這類植物。

●速效性肥料

效果會很快出現的肥料，其中以液態肥料爲其代表性種類，只要於生長季施灑就會有很優異的效果。根據香草種類的不同，也會有施灑過多反倒造成香味減弱的情形，要特別注意。另外，每次作業時也要避免施灑濃度過高的肥料，因爲會傷害香草的根、莖、葉部。

●多年草本植物

並不會於一年內枯萎，而是可以常年生長的植物。

●直根性

根並不分枝，而是直直地向下深扎生長的性質，對移植非常敏感。歐芹、芫荽、細葉芹等香草多屬此類。

●底面吸水

是播種後較易缺水的香草及長期不在家時所使用的澆水法。將水倒入一個淺盆中，再將花盆置於其上，使香草從底部吸水。

●摘心

摘除植物的新芽，促使植物從葉腋邊多生側芽的方法。主要目的是使其增加收穫、並修整香草外觀姿態。

●徒長

由於日光不足、水分和肥料過多，而導致葉和莖軟弱延伸生長。植株沒有生氣，顏色也不好看。出現這種情況時要移往日照良好的地方，且不要再施肥，並再根據香草的形態將徒長的莖修剪摘除。

●軟化栽培

遮擋陽光和風，使莖及葉都變白的栽培方法，香草中的苦苣就是採用這種栽培方法，並可用來製作料理。

●爛根

當香草種在排水不良的土壤時，會導致根系受傷、衰弱不堪。葉和莖沒有一點生氣，嚴重時還會使植株枯死凋萎。

●纏根

植物根系在花盆中相互盤根錯節，新根很難有空間發展，植株顯得毫無生氣。

●根團

植物的根系在花盆中充分生長，如果將苗株從花盆中取出，可發現根和土已成形爲固定的一團，例如栽種於庭園時，根和土黏附在一起的狀態。

●走莖繁殖法

匍匐莖的前端會長出子株，或將蔓性的草花植物其節位部分埋入土中，就會生出新根並繁殖的方法，這種繁殖方法叫走莖繁殖法。

●配合肥料

混入雞糞或豆粕等數種肥料所製成的綜合肥料，是配合植物生長所需的肥料。

●培養土

栽培植物時所使用的土壤總稱。現在是指由花店配好的，買回來就可以直接定植的土壤。多分爲草花用、蔬菜用、香草用、吊籃用等，栽種時，選擇適合各自植物性質及栽種目的的種類。

●疏苗

將發芽後過度擁擠的苗株拔除，讓植株間有較適當的間隔，如此香草間的葉子就不會互相重疊擠壓。主要是摘除形狀不佳及莖枝過細的苗株。

●覆蓋栽培

爲保溫、避暑、防止乾燥，而在植株基部覆蓋稻草、碎木屑等物品，稱之爲覆蓋栽培。

●實生

植物從播種開始繁殖的過程。「實生苗」指的就是從種子開始繁殖的苗。

●有機肥料

由自然環境中產生的肥料，像是動物糞便和植物枯葉經由發酵而成。肥效會緩慢且長期地釋放。

●匍匐莖

於地面蔓延匍匐生長的莖，在節位及前端會生出子株，這類由匍匐莖伸長繁殖的植物中，有草莓之類的植物。只要將子株植入土中，就會再繁殖出新苗。

中文名索引

葉形索引

Guide Book 704

香草栽培事典—78種最能舒緩身心的芳香花草

著者 宮野弘司／宮野ちひろ
審訂 張定霖
譯者 劉京梁、吳佩俞
編輯 吳佩俞
美術編輯 林淑靜

發行人 陳銘民
發行所 晨星出版有限公司
台中市407工業區30路1號
TEL:(04)23595820　FAX:(04)23597123
E-mail:service@morning-star.com.tw
http://www.morning-star.com.tw
郵政劃撥：22326758
行政院新聞局局版台業字第2500號
法律顧問 甘龍強律師
製作 知文企業（股）公司　TEL:(04)23581803
初版 西元2003年7月30日

總經銷 知己實業股份有限公司
〈台北公司〉台北市106羅斯福路二段79號4F之9
TEL:(02)23672044　FAX:(02)23635741
〈台中公司〉台中市407工業區30路1號
TEL:(04)23595819　FAX:(04)23597123

定價280元
（缺頁或破損的書，請寄回更換）
ISBN-957-455-437-6
KOKORO TO KARADA NI KIKU HERB SAIBAI 78 SHU

國家圖書館出版品預行編目資料

香草栽培事典——78種最能舒緩身心的芳香花草
宮野弘司，宮野ちひろ 著 劉京梁、吳佩俞 譯 ——初版.——臺中市：晨星，2003〔民92〕
面； 公分.——（Guide Book；704）

ISBN 957-455-437-6（精裝）

1. 香料作物—栽培 2. 香料

434.92 92007175

請填妥後對折裝訂，直接投郵即可，免貼郵票。

廣告回函
台灣中區郵政管理局
登記證第267號
免貼郵票

407
台中市工業區30路1號

晨星出版有限公司

請沿虛線摺下裝訂，謝謝！

更方便的購書方式：

(1)**信用卡訂購**　填妥「信用卡訂購單」，傳眞或郵寄至本公司。

(2)**郵 政 劃 撥**　帳戶：晨星出版有限公司　　　帳號：2232675

在通信欄中塡明叢書編號、書名及數量即可。

(3)**通 信 訂 購**　塡妥訂購人姓名、地址及購買明細資料，連同支

◉購買1本以上9折，5本以上85折，10本以上8折優待。

◉訂購3本以下如需掛號請另付掛號費30元。

◉服務專線：(04)23595819-231　FAX：(04)23597123

◉網　　址：http://www.morning-star.com.tw

◉E-mail:itmt@ms55.hinet.net

◆讀者回函卡◆

讀者資料：

姓名：＿＿＿＿＿＿＿＿＿＿ 性別：□ 男 □ 女

生日： ／ ／ 身分證字號：＿＿＿＿＿＿＿＿＿＿

地址：□□□＿＿＿＿＿＿＿＿＿＿＿＿＿＿＿＿＿＿＿＿

聯絡電話： （公司） （家中）

E-mail ＿＿＿＿＿＿＿＿＿＿＿＿＿＿＿＿＿＿＿＿

職業：□ 學生 □ 教師 □ 內勤職員 □ 家庭主婦
□ SOHO族 □ 企業主管 □ 服務業 □ 製造業
□ 醫藥護理 □ 軍警 □ 資訊業 □ 銷售業務
□ 其他＿＿＿＿＿＿＿＿＿＿

購買書名：香草栽培事典---78種最能舒緩身心的芳香花草

您從哪裡得知本書： □ 書店 □ 報紙廣告 □ 雜誌廣告 □ 親友介紹
□ 海報 □ 廣播 □ 其他：＿＿＿＿＿＿＿＿＿＿

您對本書評價：（請填代號 1. 非常滿意 2. 滿意 3. 尚可 4. 再改進）

封面設計＿＿＿＿版面編排＿＿＿＿內容＿＿＿＿文／譯筆＿＿＿＿

您的閱讀嗜好：

□ 哲學 □ 心理學 □ 宗教 □ 自然生態 □ 流行趨勢 □ 醫療保健
□ 財經企管 □ 史地 □ 傳記 □ 文學 □ 散文 □ 原住民
□ 小說 □ 親子叢書 □ 休閒旅遊 □ 其他＿＿＿＿＿＿＿＿＿＿

信用卡訂購單（要購書的讀者請填以下資料）

書　名	數　量	金　額	書　名	數　量	金　額

□VISA □JCB □萬事達卡 □運通卡 □聯合信用卡

- 卡號：＿＿＿＿＿＿＿＿＿＿ ●信用卡有效期限：＿＿＿＿年＿＿＿＿月
- 訂購總金額：＿＿＿＿＿＿＿＿元 ●身分證字號：＿＿＿＿＿＿＿＿＿＿
- 持卡人簽名：＿＿＿＿＿＿＿＿＿＿（與信用卡簽名同）
- 訂購日期：＿＿＿＿年＿＿＿＿月＿＿＿＿日

填妥本單請直接郵寄回本社或傳真(04)23597123